超音波による非破壊材料評価の基礎

林 高弘 著

大阪大学出版会

☐ 目次

8．おわりに　156

1. はじめに

1.1 本書について

　超音波を使った固体材料の非破壊評価の研究は，材料内部の傷やボイドの検出やサイジング（寸法計測），弾性定数やその異方性といった材料特性の評価など，素材や製品，接合部の評価に広く利用されている．新しい素材，部品，接合方法，表面処理方法などが開発されれば，その品質を評価するための新しい非破壊評価手法が求められ，超音波非破壊評価の研究者・技術者は日々進歩していかなくてはならない．

　しかし，新しい超音波非破壊評価手法を開発するには，非常に幅広い知識を必要とし，対象物に適した超音波非破壊評価手法を開発するまでに至らないことが多い．その背景にある学問は，材料力学，弾性力学，振動工学，音響学，計算力学，材料工学，計測学，電気工学など，いずれも大学の学部のカリキュラムで授業として開講されているものであるが，超音波非破壊材料評価を念頭にすべてを学習しなおして，研究・開発業務に生かしていくのが容易ではないのである．

　そこで本書は，超音波非破壊評価を新しく学び始める学部・大学院生や技術者を対象として，できるだけ早く第一線の研究・開発を行うことを目的とし，必要となる知識を凝縮したものである．主に，著者の研究室に入ってくる学生，研究生が，卒業研究や修士研究を行う前に理解しておくべき事項をまとめた形とした．第2章は，非破壊材料評価を行う上で，超音波という手段の位置づけを明確にするため，他の手段との比較を行っている．第3章は，材料力学や弾性力学で学ぶ応力の平衡方程式の拡張として，波動方程式を示し，1次元問題を時間領域および周波数領域で解く手法について述べる．第4章は，平面波が境界面や材料界面で反射，透過，屈折，モード変換する現象について，等方弾性体の波動方程式に基づく解析により議論する．第5章は，境界面に沿って伝搬するガイド波の理論を示す．第6章は，差分法や有限要素法といった超音波伝搬の数値計算に広く利用されている手法について，最も簡単に扱える SH 波の伝搬を取り上げて概説する．第7章は，超音波トランスデューサからデジタル信号処理まで，超音波を計測する上で必要となる基礎知識について述べている．

1.2 用いる用語

　超音波を用いた非破壊材料評価は，応用物理，電気，機械，材料，土木，資源探査など非常に広い分野にまたがる横断的技術であるため，学術分野や業界団体によって用いる用語が異なっていることが多い．本書では，できるだけ JIS2300 非破壊検査用語[1]および非破壊検査用語辞典[2]に準ずる用語を選択した．たとえば，波動や電波などの「伝搬」という言葉は，機械学会では「伝播」を使うが，上述の用語集では「伝搬」が推奨されている．

また，変換器を表すトランスデューサは，最後に「ー」を付けない形とした．

　非破壊により材料を検査・評価する手法は，非破壊評価（Non-Destructive Evaluation, NDE），非破壊検査（….. Inspection, NDI），非破壊試験（…. Testing, NDT）など様々な呼び方が使われている．これらは，同義として扱われることも多いが，その語感より英語の文献でも日本語の文献でも以下のように使い分けられることもある．「非破壊評価」は材料評価を目的とした計測方法を指し，材料定数やそれらの異方性，残留応力などを定量的に評価する手法を指すことが多い．一方，「非破壊検査」は，材料内の傷の検出（単に有無の検出）や傷の位置の同定を目的とした計測を指す場合が多い．また，「非破壊試験」は，JIS（日本産業規格）やNDIS（日本非破壊検査協会規格）の他，事業者が独自に定めた手法によって行った計測を指すというニュアンスである．本書では，非破壊評価，検査，試験を包括して表す語として，非破壊評価または非破壊材料評価という語を用いることにする．

1.3　用いる数式，数式中の文字

　数式や数式中の文字は，分野によって異なるものが用いられることがある．本書では，基本的にスカラー量は細字体で，ベクトル量，行列は太字体で表すことにする．特に断りがない場合，ベクトルは

$$\mathbf{a} = \begin{bmatrix} a_1 \\ a_2 \\ \vdots \\ a_N \end{bmatrix} \tag{1.1.1}$$

のように列ベクトルの形とするが，このベクトルを

$$\mathbf{a} = \begin{bmatrix} a_1 & a_2 & \cdots & a_N \end{bmatrix}^T \tag{1.1.2}$$

のように行ベクトルの転置で表すこともある．また，ベクトルの内積は，$\mathbf{a} \bullet \mathbf{b}$や$\mathbf{a}^T\mathbf{b}$で表す．$\mathbf{a}^T\mathbf{b}$の表記は，$\mathbf{a}$や$\mathbf{b}$が直ちにベクトルであることが分かりにくい場合に使っている．さらに，ベクトル場の発散$\mathrm{div}\mathbf{a}$は，演算子∇を$\nabla = (\partial/\partial x \quad \partial/\partial y \quad \partial/\partial z)^T$のようなベクトル表記とみなして，$\nabla$と$\mathbf{a}$の内積により$\nabla \bullet \mathbf{a}$と表す．同様にベクトル場の回転$\mathrm{rot}\mathbf{a}$は，$\nabla$と$\mathbf{a}$の外積により$\nabla \times \mathbf{a}$と表す．スカラー場$\phi$の勾配は$\mathrm{grad}\phi = \nabla\phi = (\partial\phi/\partial x \quad \partial\phi/\partial y \quad \partial\phi/\partial z)^T$であり，$\nabla^2$はラプラシアンと呼ばれ$\nabla \bullet \nabla = \frac{\partial^2}{\partial x^2} + \frac{\partial^2}{\partial y^2} + \frac{\partial^2}{\partial z^2}$という演算子を意味する．

　また，変数uの時間微分$\partial u/\partial t$を$\dot{u}$のように書き，時間に関する2階微分を$\ddot{u}$のように書く．

1章の参考文献

[1]　非破壊検査用語，JISZ2300, 2020
[2]　非破壊検査用語辞典，日本非破壊検査協会，1990

2. 超音波を非破壊材料評価に用いる理由

材料評価・検査を行うユーザにとっては単に所望の傷や材料特性が計測できれば良いのであり，超音波はそのための手段として最適であると判断した際に利用される．その意味で，超音波による非破壊材料評価に関する研究・開発を行う前に，各種非破壊検査手法について正しく理解し，その上で超音波を用いる必然性・必要性を意識して，研究・開発を進めていかなくてはならない．特に，超音波を用いた非破壊材料評価に関する研究で，卒業論文や修士論文を執筆しなくてはならない大学生，大学院生は，材料評価を行うニーズがあって，研究・開発をスタートしたわけではないため，卒論・修論の第 1 章を書く段階になって初めて，超音波を用いる必要性を意識するかもしれない．または，全く意識しないまま研究発表をして，分野外の研究者や教員に質問を受けて初めて気づくのかもしれない．本章では，そのようなことがないように，各種非破壊評価技術に関して概要を説明した後，超音波を用いた非破壊材料評価法に関して，その特徴を述べる．

2.1 様々な非破壊検査・評価法

日本非破壊検査協会の非破壊検査技術者の認証制度（JIS Z 2305）では，レベル 1 〜レベル 3 までの技術レベルで認証試験が実施されており，それぞれ(1) 放射線透過試験（RT, Radiographic testing），(2) 超音波探傷試験（UT, Ultrasonic Testing），(3) 磁気探傷試験（MT, Magnetic testing），(4) 浸透探傷試験（PT, Penetrant testing），(5) 渦電流探傷試験（ET, Eddy Current testing），(6) ひずみゲージ試験（ST, Strain Gauge testing）の 6 つの技術部門に分かれている．また，日本非破壊検査協会内の学術活動は，以下 8 つの要素技術分野で活動している．(1) 放射線部門（RT），(2) 超音波部門（UT），(3) 磁粉・浸透・目視部門（MT/PT/VT），(4) 電磁気応用部門（ET/MFLT），(5) 漏れ試験部門（LT），(6) 応力・ひずみ測定部門（SSM），(7) アコーステックエミッション部門（AE），(8) 赤外線サーモグラフィ部門（TT）．つまり，超音波による非破壊材料評価は，数多くある非破壊材料評価技術の一つであり，日々向上し続けるこれらの技術の中で，最適な場合に超音波を利用することになる．本節では，以下に超音波以外の広く利用されている非破壊材料評価手法の概要を紹介する．一般的な話に終始するので，最新の研究・開発動向は，専門誌にて情報収集することをお勧めする．

（1）放射線透過試験

放射線とは，エックス線以外に，アルファ線，ベータ線，ガンマ線，中性子線など不安定な原子核構造から安定した構造に変化しようとする際に放出される物質粒子や電磁波の総称であり，一般に非破壊材料評価に利用されるのは，電磁波として放出されたエックス線やガンマ線である．

エックス線とガンマ線は，発生方法の違いによって区別されているだけであり，発生する電磁波としては同じものと考えてよい．図 2.1 は電磁波の波長および周波数を示した図

である．ガンマ線は，イリジウム 192（^{192}Ir）やコバルト 60（^{60}Co）といった特定の放射性物質を線源として電磁波を出力する．一方，エックス線は，ターゲットに熱電子が衝突する際に発生する電磁波であり，エックス線による非破壊検査では，エックス線管と呼ばれる発生源から出射したエックス線を対象物内に透過させて，そのエネルギ量の違いをフィルムで画像にする（図 2.2）．最近では，フィルムの代わりに多チャンネルの CMOS センサ等を用いてデジタルデータとして収録できるようになっている．

このほか，エックス線の回折現象を利用した材料表面近傍の残留応力測定や，マイクロフォーカスエックス線 CT などが広く用いられている．また，中性子線の応用も研究されているが，いずれの方法でも，放射線源の扱うことから，安全対策や法令などを理解した上で利用することが求められる．

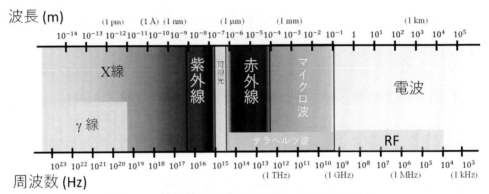

図 2.1　電磁波の名称と波長，周波数の関係

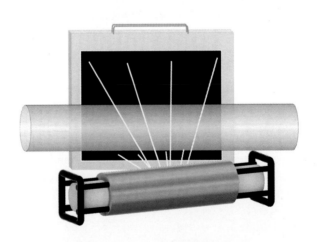

図 2.2　エックス線透過試験
フィルムまで到達するエックス線のエネルギ量を画像にすることで，
対象物内部の状態を非破壊評価する

（２）磁気探傷試験

　鉄鋼材料のような強磁性体の表面傷を探傷する手法である．強磁性体に永久磁石や電磁石などで磁場を与えると強磁性体中に磁束が通る．しかし表面や表面近傍に傷があると，表面に磁束が漏えいし，結果的に傷部に磁極を形成する．この漏えい磁束または磁極の形

成を捉えることで，表面および表面近傍傷の探傷を行う手法である．一般に，強磁性体の微粉末を含む液体を表面に塗布して，磁極を形成している傷を見やすくする磁粉探傷が広く利用されている（図 2.3）．漏えい磁束を磁気検出素子などで検出する方法もある．

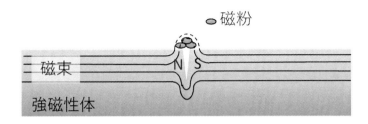

図 2.3　強磁性体の表面傷を検出する磁粉探傷

（3）浸透探傷試験

表面傷を浸透液により見やすくして検出する方法である．浸透液には色のついた染色液や発光する蛍光液などが用いられる．

（4）渦流（かりゅう）探傷試験

導電体表面および表層近傍の傷を，渦電流の作用により検出する方法である．交流電流を流したコイルを導電体の表面に近づけると，導電体中に渦電流が発生する．渦電流は振動電磁場を放出するため，これが検出用コイルで受信される．この渦電流は，傷があると変化するため，検出コイルの応答に反映される．非接触で検査が可能であるので，針金や棒材などの製造ライン中での検査が可能である．

（5）漏れ試験

圧のかかった容器から漏れる気体や液体を検出する試験方法で，様々な手法が利用されている．たとえば容器表面に石鹸水を塗布し，中の気体や液体が漏れ出ている箇所に現れる泡により内容物の漏れを検出する手法などがある．

（6）ひずみ計測

ひずみゲージを用いる方法が最も広く用いられているが，最近ではカメラなどで撮影したモアレ像の変化によりひずみ分布を求めることができるようになっている．また，前述したようにエックス線回折を計測することで，材料表面近傍の結晶格子間距離の変化によりひずみを求めることができる．

（7）アコーステックエミッション

傷の発生や腐食の進展などにより発生する弾性波を捉えて，対象物をモニタする手法である．一般に，超音波検査で用いられるよりも低い周波数のトランスデューサ（AE センサ）を対象物に設置して長時間，弾性波の発生イベントを計測する．

（8）赤外線サーモグラフィ

物体は，物質固有の性質と温度のみで決まる強さで赤外線を放射している．この赤外線を検出して温度分布を表示する技術が赤外線サーモグラフィである．遠隔から非接触で温度画像を取得できるという画期的な手法であり，様々な対象物の表面および表層部の検査に利用されている．

2.2 超音波を用いた非破壊材料評価法

2.2.1 超音波の周波数と非破壊評価

　超音波は，可聴音を超える高周波の弾性波（応力波）のことであり，おおむね 15 kHz とか 20 kHz 以上の弾性波と定義されているが，単に人間にとって聞こえる範囲かどうかがその閾値なので，厳密な定義域があるわけではない．図 2.4 に超音波の周波数と様々な媒質における波長を示した．男性の話し声で 500 Hz 程度，女性で 1000 Hz 程度なので，我々は空中において 30 〜70 cm 程度の波長で伝搬する波を口から発し，耳でとらえている（図2.5）．では，その声を使って部屋の壁までの距離を見積もることができるだろうか？　図 2.6 に示すように，口から出した音と壁面から返ってくる音を分離できないため，ほとんど不可能であることが分かる．仮に反射波内の微妙な変化を判別できたとしても，波長が 30 cm 程度なので，1 cm の誤差で壁面の位置を見積もるのはとても無理な話である．一方，コウモリは 20 〜110 kHz 程度の超音波を発して，障害物や獲物，仲間の位置を特定している（反響定位，エコーロケーション）．図 2.6 の下図のように高周波にすると音の束が短くなり，反射波が分離して判断できるのである．コウモリはこのような超音波を利用しているため，暗闇でも洞窟のような狭い空間でも仲間にぶつからずに飛び回り，獲物を捕獲することができるのである．

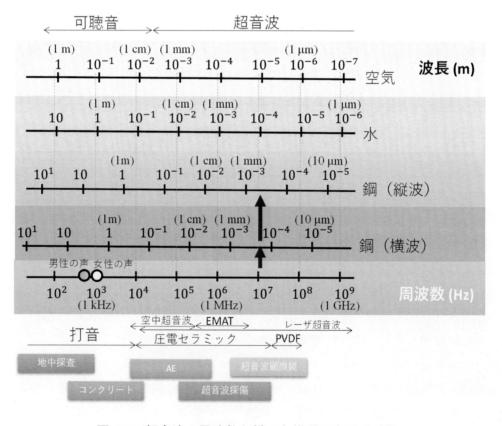

図 2.4　超音波の周波数と様々な媒質における波長

同様に，金属材料中の傷の位置を mm オーダもしくは μm オーダで特定したい場合には，cm オーダの波長の波を使っていては不十分であり，mm オーダもしくは μm オーダの波長の波を使わなくてはならない．図 2.4 中に示した矢印部は，10 MHz の周波数の縦波・横波を鋼中に伝搬させた場合を示しており，波長はサブミリ程度となっている．圧電セラミックスを用いた超音波トランスデューサは，MHz オーダの周波数帯域の弾性波を発生・受信できる特性を有しているので，超音波を用いた鋼材中の傷検出，位置同定には，この MHz オーダの周波数の超音波が利用される．高周波にするほど位置同定の精度が上がるが，一方で高周波ほど減衰が大きくなる．コンクリートの超音波非破壊検査では，砂利や小さな空隙が多く含まれる材料であり内部での減衰が大きいため，可聴音程度の低周波数帯域を利用して比較的大きい空隙や剥離を検出する．さらに大きなサイズを考えると資源探査や地中調査などが挙げられ，エアガンなどで発生させた 100 Hz 以下の弾性波や地震による波を利用している．

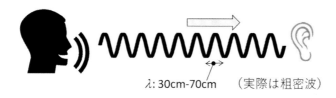

λ: 30cm-70cm （実際は粗密波）

図 2.5　空中を伝搬する音波による人の会話

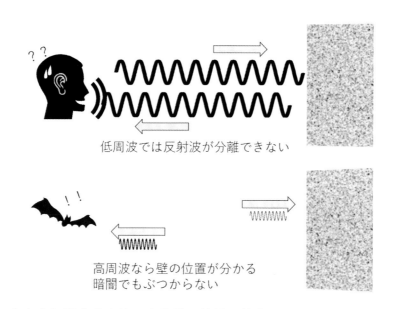

低周波では反射波が分離できない

高周波なら壁の位置が分かる
暗闇でもぶつからない

図 2.6　空中を伝搬する音波による壁面位置の特定（エコーローケーション）

2.2.2　固体材料中を伝搬する様々な超音波

　空気や水のような，せん断ひずみが十分小さく無視できる媒体（完全流体）中を伝搬する超音波は，膨張・収縮を繰り返す粗密波（縦波）のみが存在し，境界面や異種材料の界面があっても比較的単純な伝搬特性を示す．しかし固体材料の場合，縦波だけでなくせん

断応力の作用による横波も伝搬する上，異方性や境界面，異種材料の接合界面などの存在により，さらに複雑な伝搬形態を示す．表 2.1 に非破壊材料評価に使われる様々な超音波を等方弾性体に限定して列挙した．名称は使われる分野や導出過程などにより異なるので注意が必要である．例えば，非破壊評価に最もよく使われる縦波や横波は，土木・建築分野では地震学や資源探査などの影響を受け，P 波（Primary wave），S 波（Secondary wave）

表 2.1　等方弾性体中を伝搬する様々な超音波

	名称，別名，英語	速度	備考
無限の等方弾性体	縦波 膨張波，体積波，P 波 Longitudinal wave, Primary wave, Dilatational wave, Compressional wave	$c_L = \sqrt{\dfrac{\lambda + 2\mu}{\rho}}$	3.2 節参照．分野によって名称や英語名が異なる．一般には，等方弾性体でなくても，縦波の性質を示す波を縦波と呼ぶ．
	横波 せん断波，S 波，Transverse wave, Secondary wave, Shear wave	$c_T = \sqrt{\dfrac{\mu}{\rho}}$	3.2 節参照．分野によって名称や英語名が異なる．一般には，等方弾性体でなくても，横波の性質を示す波を横波と呼ぶ．
媒質表面（ガイド波に含める場合もある）	レイリー波 Rayleigh wave	横波音速の約 90%	5.1 節参照．
	表面 SH 波 Surface Shear Horizontal wave	縦波音速 c_T	斜角探触子で SH 波を臨界角で入射すると現れる表面に沿って伝搬する SH 波．
	クリーピング波，ラテラル波 Creeping wave, Lateral wave 二次クリーピング波 Second creeping wave	縦波音速 c_L	4.3.1 項参照．
	ラブ波 Love 波	速度分散性がある．	表層に異なる材料が存在する場合に現れる，表層およびその近傍に沿って伝搬する SH 波．
ガイド波	棒波 Bar wave	$\sqrt{E/\rho}$	ヤング率 E の棒の 1 次元波動方程式より求められる．
	ラム波 板波，Lamb wave, Plate wave	モードにより異なる．速度分散性がある．	5.2 節参照．板の長手方向に伝搬する波動．
界面	ストンリー波 Stoneley wave		5.3 節参照．固体-固体界面を伝搬する．
	ショルテ波 Scholte wave	流体中の音速にほぼ等しい	5.4 節参照．液体-固体界面を伝搬する．
	漏えいレイリー波 Leaky Rayleigh wave	多くの場合レイリー波音速よりやや小さい	5.5 節参照．液体-固体界面を伝搬するレイリー波．液体中にエネルギ漏えいさせるので減衰が大きい．

と呼ばれることが多い.

このように固体材料中には多くの異なる特徴を有した超音波モードが存在し，それぞれの特徴を活かした非破壊材料評価が行われている．また，このような超音波モードだけでなく，周波数や入力波形なども調整できるので，幅広い材料評価手法が実現できるというのが，超音波を用いた非破壊材料評価の特長である．

2.2.3 超音波を用いた様々な非破壊材料評価手法

上述のように，超音波モードや周波数，入力波形などをコントロールして様々な材料評価手法が開発されている．以下，これまで広く利用されてきた非破壊評価手法と最近の先進的な取り組みについて，その概要を示す．

（1）垂直探傷法，斜角探傷法

図 2.7(a)のように対象物表面に対し，垂直に超音波を伝搬させるように超音波探触子を設置して探傷することを垂直探傷法と呼ぶ．それに対し，図 2.7(b)のように斜めに入射して探傷する方法を斜角探傷法と呼ぶ．

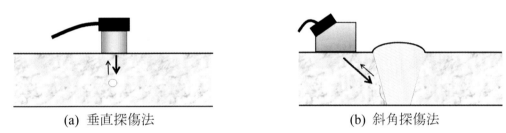

(a) 垂直探傷法　　　　　　　　　　(b) 斜角探傷法

図 2.7　垂直探傷法と斜角探傷法

（2）表面波法

表面に沿って伝搬する波動モードを表面波と呼ぶ．クリーピング波(creeping wave)なども表面波と言えるが，一般にはレイリー波（Rayleigh wave）のことを表面波と呼ぶことが多い．このレイリー波を利用して表面や表面近傍傷を見つける方法を表面波法と言う(図 2.8)．斜角探触子の入射角を適切に選ぶとレイリー波を大きく発生させることが可能である．

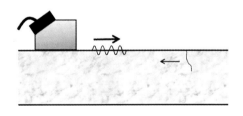

図 2.8　表面波法

（3）端部エコー法

図 2.7(b)のように亀裂先端に向けて斜角入射すると，亀裂先端で波が大きく散乱し，元の経路を返ってくる反射波を受信することができる．この波形から亀裂端部の位置や長さを同定する手法を端部エコー法という．

9

（４）TOFD（Time of Flight Diffraction Distance，トフド）法

図 2.9 のように溶接部近傍などの内面に亀裂が垂直方向に入ることがある．このとき，斜角探触子により縦波を材料内に伝搬させ，図のような探触子位置で受信すると，①クリーピング波（ラテラル波ともいう），②亀裂上端で散乱する波，③亀裂下端を回折する波，④底面を反射する波が図中に示したように受信される．いずれも縦波音速で伝搬するため，伝搬距離の近い①から④の順に受信される．これらを利用して亀裂の長さを同定する手法が TOFD 法である．底面と亀裂上端では，反射・散乱の際に位相が反転する．

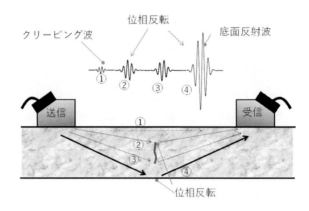

図 2.9　TOFD 法

（５）パルス反射法，透過法

超音波パルスを入射して，そのエコー波形（反射波）を計測する手法である．図 2.7(a)，(b)はいずれもエコー波形を受信しているので，パルス反射法（パルスエコー法）である．透過法は，透過した波形を受信する方法である（図 2.10 右）．超音波トランスデューサが 2 つ必要であるので，やや計測が煩雑になる．しかし，例えば薄板中の剥離や表面または裏面近傍の傷など，パルス反射法では波形が分離できないという問題が現れる場合に効果的である．

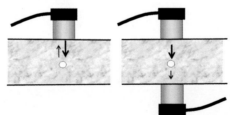

図 2.10　パルス反射法と透過法

（６）水浸法，部分水浸法

上述の事例では，超音波トランスデューサを対象物表面に接触させて探傷している（接触法）．この接触法の場合，超音波トランスデューサと対象物を直接接触させると，間に微小な空隙ができ，空気と固体材料との音響インピーダンス差（第 3 章を参照）から超音波が界面を通りにくくなる．そのためカプラントと呼ばれるジェル状の物質（カップリング

剤）を塗布するが，超音波トランスデューサを走査しようとすると，接触状態が変化するため，安定して波形が計測できないという問題がある．そこで，図 2.11 (a)のように対象物を水没させる手法（水浸法）が広く用いられている．水は，空気に比べ固体材料との音響インピーダンス差が小さい上，減衰も小さいので，固体材料への超音波の入射，固体材料からの反射波の受信が可能となり，トランスデューサを走査しながらの計測も可能となる．また，建築構造物や航空機のように水没させられないような大きな対象物の場合には，トランスデューサ部からウオータージェットを対象物に吹き付け，その水柱中に超音波を伝搬させて計測するという手法（部分水浸法）が利用されている．

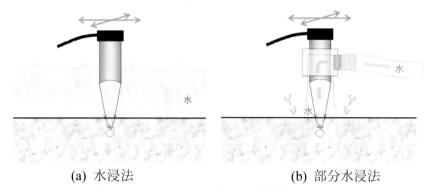

(a) 水浸法　　　　　　　　　　(b) 部分水浸法

図 2.11　水をカップリング媒体とした手法

（7）超音波顕微鏡，超音波映像装置

　水浸法により超音波トランスデューサを走査させると，反射波の振幅や位相変化などにより 2 次元的な画像（C スキャン画像）が得られる．これは，主に超音波の焦点深さの 2 次元平面における反射体の画像を表しており，周波数を上げると非常に微小な領域の画像が得られるので，超音波顕微鏡と呼ばれている．V(z) 曲線を利用すると表層近傍の局所的な材料特性が求められる．100 MHz を超える周波数の超音波を用いることもあるが，工業利用ではそれほど高い周波数を必要としないことも多く，2 MHz や 50 MHz といった周波数を用いて製品設計時の内部画像の取得などに利用されている（図 2.12）．一般に，高周波数帯域のものを超音波顕微鏡と呼んでおり，低周波数帯域のものを超音波映像装置と呼ぶことが多い．

図 2.12　超音波映像装置
インサイト株式会社のご厚意により転載．

（8）電磁超音波法

電磁超音波トランスデューサ（EMAT，Electromagnetic Acoustic Transducer）は，磁石とコイルからなる超音波トランスデューサ（図 2.13）であり，強磁性体（磁性体）もしくは導電体に対し，磁歪効果やローレンツ効果によって超音波を励振・受信する方法である．縦波，横波，レイリー波など各種波動モードを励振できるようになっているが，圧電セラミックスを用いた接触トランスデューサに比べ励振効率が低いという欠点がある．一方で，数ミリ程度のリフトオフにより非接触（カプラント不要）で利用できるという大きな利点がある．かつては鉄鋼業界において非接触インライン検査に利用されたが，最近ではロボットなどに搭載した自走式検査装置なども開発されている．

図 2.13　市販されている電磁超音波トランスデューサ
インサイト株式会社のご厚意により転載．

（9）共振法

対象構造が入射された超音波の波長に比べ十分に大きい場合には，伝搬する超音波パルスの経路が明らかであり，その経路内の状態を上述のような手法により評価することができる．このような手法と異なり，構造全体や一部分を共振させ，その共振した領域を評価する手法を共振法という．

たとえば，図 2.14 は試料の共振周波数を多数計測することで，逆解析的に弾性定数や圧電定数といった材料特性を評価する計測システムであり，その手法は共鳴超音波スペクトロスコピー（Resonance Ultrasonic Spectroscopy, RUS）と呼ばれている．10 mm 角程度の板やブロックに対し，数百 kHz から MHz オーダの共振周波数を計測し，各種材料特性を算出する．

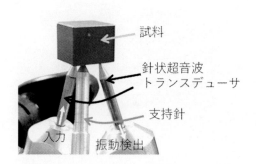

図 2.14　RUS による材料評価装置
インサイト株式会社のご厚意により転載．

（１０）空中超音波法

　接触法では，超音波トランスデューサと対象物間にジェル状のカップリング剤（カプラント）を用いた．水浸法ではカップリング剤として水を用いている．空中超音波法は，カップリング剤に空気を用いる手法である．一般に，固体 - 空気間の音響インピーダンス差が非常に大きいため，空気をカップリング剤とみなして固体材料の特性を評価する空中超音波法は不可能であるとされてきた．しかし，近年の超音波トランスデューサの製作技術の進歩により，空中を数百 kHz から 5 MHz 程度までの超音波を送受信できるようになってきた（図 2.15）．さらに，薄板などに対しては，斜角入射にしたりフォーカシングすることで，効率よく薄板材料内に透過させる技術も開発されている．空中での減衰が大きいので，トランスデューサから対象物までの距離は，数 cm から数十 cm 程度で利用されることが多い．また，高周波になるほど空中での減衰が大きくなるので，利用可能な周波数は，せいぜい 5 MHz 以下である．

　水もカプラントも不要で，前述したような様々な計測手法がそのまま利用できるので，その適用範囲はますます広がっている．特に，薄板や音響インピーダンスが低い樹脂材料や生体材料などは超音波が透過しやすいので，これらの非破壊材料評価に非常に有効な手段となっている．

図 2.15　市販されている空中超音波トランスデューサ（Ultran 社製）
株式会社ケンオートメーションのご厚意により転載.

（１１）レーザ超音波法

　材料表面にレーザ光を照射すると，吸収されたエネルギは熱に変換し，照射点では熱ひずみが生じる．パルスレーザを照射した場合には，瞬間的な熱ひずみの発生により超音波が発生する．また，レーザが高出力の場合には，レーザ照射点がアブレーションを起こし，その際に放出される粒子に対する反力により超音波が発生する．このような超音波の励振には，Nd: YAG レーザや CO_2 レーザといったレーザ加工と同じ種類のレーザが利用される．

　一方，超音波の受信もレーザにより実現されている．様々な種類の超音波計測手法があるが，いずれも対象物表面からの散乱光と参照光との干渉を利用し，光の 1/4 波長以下の微小振動を検出している．得られる出力信号は，干渉の方法により変位に対応する場合と速度に対応する場合がある．

　これら，レーザを用いた超音波の励振・検出技術により，材料内の傷や材料特性を評価する手法はレーザ超音波法と呼ばれ，非接触による超音波非破壊評価手法として発展を続けている（図 2.16）．最近では，Photo Acoustics という名前で生体材料などにも利用され，高分解能での血管の造影技術として注目されている．また，ピコ秒さらにはフェムト秒レー

ザなどを用いて，GHz～サブ THz 帯の超音波を計測する研究も進んでいる．

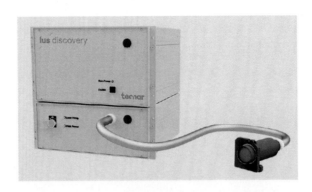

図 2.16　レーザ超音波装置（Technar 社製）
インサイト株式会社のご厚意により転載.

（１２）フェイズドアレイ

　多数の圧電素子が並んだアレイトランスデューサの各素子に適切な遅延を与えて出射することで超音波の形状を制御する方法である．一般には，材料中の所定の箇所に超音波が集束するように遅延を制御する．集束点に傷やボイドなどの反射源が存在すれば，大きな反射波が得られる．反射波もアレイトランスデューサで受信して，それぞれ同じように遅延を与えることで，集束位置から反射したエコー信号のみを強調して捉えることが可能となる．集束点を変更した計測を繰り返すと，材料内部のエコー映像が得られる．これはちょうど母体内の胎児を映像で診断する方法と同じであり，工業的にも広く利用されるようになっている．フレームレートも非常に早くなっているので，ほとんどリアルタイムでの内部映像を見ることができるようになってきている．

（１３）非線形超音波法

　一般に，超音波検査は，超音波の微小な振動により材料内部の状態を計測する手法であり，材料の弾性特性を計測している．しかし，塑性変形部や亀裂部といった箇所では 2 次高調波や 3 次高調波といった材料の非線形現象を示す波形が受信されることがある．この高次高調波や分数調和波を積極的に利用した非破壊評価手法は非線形超音波法と呼ばれ，これまで検出できなかった亀裂や材料特性が評価できるとして注目されている．

　例えば，配管の溶接部近傍にできる応力腐食割れ（SCC）や疲労亀裂などは，先端部の位置を同定することで余寿命評価が可能となるが，亀裂先端が閉じていて上述の端部エコー法やフェイズドアレイなどでは先端位置を正しく捉えることが不可能な場合がある．そこで，大振幅の超音波を入射したときに亀裂先端部で開閉口することで現れる非線形応答により亀裂先端部を正確に検出する研究が行われている．

（１４）ガイド波法

　境界面や界面に沿って伝搬する波動が計測されることがある．例えば薄板を叩くと，薄板に沿って伝搬する屈曲振動が得られる．このような超音波モードをガイド波と呼んでいる．速度分散が現れたり，速度の異なる多数のモードが現れたりし，通常の縦波，横波などとは全く異なる超音波伝搬形態を示すことが多い．縦波，横波といったバルク波と異な

り，面に沿って伝搬するため空間内に拡散する作用が小さく，減衰しにくいという特長を有する．そのため，配管や鋼板といった大型の薄板状構造物を高効率で検査できるとして注目されている．

第 5 章において，ガイド波の理論的な取り扱いを示し，6.3 節では数値計算手法を紹介する．

2.3　超音波を用いた非破壊材料評価の重要性

上述したとおり，超音波はその特性を活かした様々な計測手法が開発されており，現在も新しい手法が日々考案されている．その対象物は金属，セラミックス，樹脂，液休，気体，バルク体，薄板，薄膜など多岐に渡っており，材料内部の傷やボイド，剥離だけでなく，表面傷などへも適用されることがある．最近では，空中超音波法やレーザ超音波法などの非接触計測技術も発展してきており，今後も非常に重要な計測技術であり続けると考えられる．その意味で，材料の検査・評価を行おうと考えたときに，超音波を真っ先に候補に挙げ，開発に着手する研究者・技術者も多いことだろう．しかし評価対象物に対し，先述した他の材料評価手法ではなく超音波を使うことにした理由をきちんと押さえておく必要がある．

たとえば，材料表面の傷を検出する方法は，上述の表面波法でも可能かもしれないが，超音波でなくても磁気探傷，浸透探傷，過流探傷など様々な手法で可能である．またカメラ画像や赤外線画像などによる表面観察によっても検出できるかもしれない．すなわち，表面傷の検出の場合，超音波が他の手法を凌駕するメリットがあることを確認して，開発を進めるべきである．

超音波が最も利用されるのは，表面に現れていない材料内部の傷や介在物の評価や材料特性の評価である．ただし，材料内部の検査では放射線を利用する方法に比べて，優位であることを確認しておく必要がある．放射線（主にエックス線）による方法では，画像が得られるので，検査者にとって非常に都合がよい．最近ではマイクロフォーカスエックス線 CT の導入が進んでおり，その分解能も飛躍的に改善している．しかし，その反面，放射線を利用する場合には，安全に利用するための様々な法令に制限され，それをすべて理解した上で利用することが求められる．その意味で，放射線を利用する場合に比べ，超音波の利用は取り扱いが簡単で，あらゆる現場でも利用することができるという大きな利点がある．

2 章の参考文献

[1]　非破壊検査用語，JISZ2300, 2020
[2]　非破壊検査用語辞典，日本非破壊検査協会，1990

3. 弾性体中を伝搬する波 (境界のない無限弾性媒体中を伝搬する波)

弾性体中を伝搬する超音波は空中を伝搬する音波と異なり，膨張収縮をしながら伝搬する縦波成分だけでなく，せん断変形をしながら伝搬する横波成分も含まれるため，より複雑な挙動を示す．しかしながら，その伝搬挙動は弾性波動論から求められる伝搬現象に非常によく合うことが知られている．そのため，超音波を用いて新しい材料評価法を開発する上で，弾性体中を伝搬する超音波挙動を理論的に解釈することは非常に重要となる．そこで第3章から第5章にかけて，非破壊材料評価に必要な弾性波動論について詳しく述べていく．はじめに第3章では境界のない弾性体中を伝搬する超音波伝搬について論じる．

3.1 支配方程式

材料力学や弾性力学では，静止している材料内部の微小な六面体にかかる力のつり合いの式は以下のように与えられている（詳細は第8章に掲載の弾性力学に関する参考書を参照のこと）．

$$
\begin{aligned}
\frac{\partial \sigma_x}{\partial x} + \frac{\partial \tau_{xy}}{\partial y} + \frac{\partial \tau_{xz}}{\partial z} + \rho f_x &= 0, \\
\frac{\partial \tau_{yx}}{\partial x} + \frac{\partial \sigma_y}{\partial y} + \frac{\partial \tau_{yz}}{\partial z} + \rho f_y &= 0, \\
\frac{\partial \tau_{zx}}{\partial x} + \frac{\partial \tau_{zy}}{\partial y} + \frac{\partial \sigma_z}{\partial z} + \rho f_z &= 0.
\end{aligned}
\tag{3.1.1}
$$

ここで，σ_X は法線が X 方向を向く面にかかっている X 方向の垂直応力，τ_{XY} は法線が Y 方向を向く面にかかる X 方向のせん断応力，f_X は単位質量当たりの物体力の X 方向成分であり，ρ は六面体の密度である（$X, Y = x, y, z$）．これを総和規約（アインシュタインの縮約記法）を使ってまとめて記述すると，

$$
\frac{\partial \sigma_{ij}}{\partial x_j} + \rho f_i = 0 \quad \text{or} \quad \sigma_{ij,j} + \rho f_i = 0 \qquad (i, j = 1, 2, 3),
\tag{3.1.2}
$$

のように書ける．ここで，応力テンソル σ_{ij} は $i = j$ の場合に垂直応力を表し，$i \neq j$ の場合にせん断応力を表す．また，ベクトルやテンソルを太字で書くボールド体表記では，式(3.1.1)の微分項を応力テンソルの発散とみなして

$$
\mathrm{div}\,\boldsymbol{\sigma} + \rho \mathbf{f} = \mathbf{0} \quad \text{or} \quad \nabla \bullet \boldsymbol{\sigma} + \rho \mathbf{f} = \mathbf{0}
\tag{3.1.3}
$$

と書くこともある．さらに，せん断応力には

$$\tau_{xy} = \tau_{yx}, \ \tau_{yz} = \tau_{zy}, \ \tau_{zx} = \tau_{xz} \quad \text{or} \quad \sigma_{ij} = \sigma_{ji} \tag{3.1.4}$$

という対称性が成立しているので，せん断応力の添え字の順序を気にせず記述していることも多い．

　ここで，微小変形により六面体に加速度がかかる場合，物体力ρf_iを$\rho f_i - \rho \ddot{u}_i$で置き換えることにより，以下の運動方程式が得られる（ダランベールの原理）．

$$\frac{\partial \sigma_x}{\partial x} + \frac{\partial \tau_{xy}}{\partial y} + \frac{\partial \tau_{xz}}{\partial z} + \rho f_x = \rho \frac{\partial^2 u_x}{\partial t^2},$$

$$\frac{\partial \tau_{yx}}{\partial x} + \frac{\partial \sigma_y}{\partial y} + \frac{\partial \tau_{yz}}{\partial z} + \rho f_y - \rho \frac{\partial^2 u_y}{\partial t^2},$$

$$\frac{\partial \tau_{zx}}{\partial x} + \frac{\partial \tau_{zy}}{\partial y} + \frac{\partial \sigma_z}{\partial z} + \rho f_z = \rho \frac{\partial^2 u_z}{\partial t^2}, \tag{3.1.5}$$

$$\text{or}$$

$$\sigma_{ij,j} + \rho f_i = \rho \ddot{u}_i \ ,$$

$$\text{or}$$

$$\text{div}\boldsymbol{\sigma} + \rho \mathbf{f} = \rho \ddot{\mathbf{u}} \ .$$

ここで，u_j，$\mathbf{u}$は変位ベクトルであり，$\ddot{\bullet}$ は $\bullet$ の時間に関する2階微分を表す．

　次に，　変位‐ひずみ関係式を挙げると

$$\varepsilon_x = \frac{\partial u_x}{\partial x}, \quad \gamma_{xy} = \frac{\partial u_x}{\partial y} + \frac{\partial u_y}{\partial x}, \quad \gamma_{xz} = \frac{\partial u_x}{\partial z} + \frac{\partial u_z}{\partial x},$$

$$\gamma_{yx} = \frac{\partial u_y}{\partial x} + \frac{\partial u_x}{\partial y}, \quad \varepsilon_y = \frac{\partial u_y}{\partial y}, \quad \gamma_{yz} = \frac{\partial u_y}{\partial z} + \frac{\partial u_z}{\partial y},$$

$$\gamma_{zx} = \frac{\partial u_z}{\partial x} + \frac{\partial u_x}{\partial z}, \quad \gamma_{zy} = \frac{\partial u_z}{\partial y} + \frac{\partial u_y}{\partial z}, \quad \varepsilon_z = \frac{\partial u_z}{\partial z}, \tag{3.1.6}$$

$$\text{or}$$

$$\varepsilon_{ij} = \frac{1}{2}\left(u_{i,j} + u_{j,i}\right),$$

となっている．ε_X，γ_{XY}はそれぞれ垂直ひずみ，せん断ひずみであり，以下のようにテンソル表記の非対角成分のひずみに比べ，対応するせん断ひずみが2倍になっているので注意が必要である．

$$\begin{pmatrix} \varepsilon_{11} & \varepsilon_{12} & \varepsilon_{13} \\ \varepsilon_{21} & \varepsilon_{22} & \varepsilon_{23} \\ \varepsilon_{31} & \varepsilon_{32} & \varepsilon_{33} \end{pmatrix} \leftrightarrow \begin{pmatrix} \varepsilon_x & \gamma_{xy}/2 & \gamma_{xz}/2 \\ \gamma_{yx}/2 & \varepsilon_y & \gamma_{yz}/2 \\ \gamma_{zx}/2 & \gamma_{zy}/2 & \varepsilon_z \end{pmatrix}. \tag{3.1.7}$$

$$\text{テンソルひずみ} \qquad\qquad \text{工学ひずみ}$$

また，同様にせん断ひずみにも対称性が成立している．

3．弾性体中を伝搬する波（境界のない無限弾性媒体中を伝搬する波）

$$\gamma_{xy} = \gamma_{yx}, \quad \gamma_{yz} = \gamma_{zy}, \quad \gamma_{zx} = \gamma_{xz} \quad \text{or} \quad \varepsilon_{ij} = \varepsilon_{ji}. \tag{3.1.8}$$

一方，応力は以下の対応関係を示す．

$$\begin{pmatrix} \sigma_{11} & \sigma_{12} & \sigma_{13} \\ \sigma_{21} & \sigma_{22} & \sigma_{23} \\ \sigma_{31} & \sigma_{32} & \sigma_{33} \end{pmatrix} \leftrightarrow \begin{pmatrix} \sigma_x & \tau_{xy} & \tau_{xz} \\ \tau_{yx} & \sigma_y & \tau_{yz} \\ \tau_{zx} & \tau_{zy} & \sigma_z \end{pmatrix}. \tag{3.1.9}$$

ここで，均質一様な等方弾性体に限定して考える場合，応力とひずみの関係式（構成式）は以下のようになる．

$$\sigma_{ij} = \lambda \varepsilon_{kk} \delta_{ij} + 2\mu \varepsilon_{ij}, \tag{3.1.10}$$

$$\begin{aligned}
\sigma_x &= (\lambda + 2\mu)\varepsilon_x + \lambda(\varepsilon_y + \varepsilon_z), \\
\sigma_y &= (\lambda + 2\mu)\varepsilon_y + \lambda(\varepsilon_z + \varepsilon_x), \\
\sigma_z &= (\lambda + 2\mu)\varepsilon_z + \lambda(\varepsilon_x + \varepsilon_y), \\
\tau_{xy} &= \mu\gamma_{xy}, \qquad \tau_{yz} = \mu\gamma_{yz}, \qquad \tau_{zx} = \mu\gamma_{zx}.
\end{aligned} \tag{3.1.10'}$$

λ, μはラーメ定数と呼ばれる物理量であり，ヤング率（縦弾性係数）E，横弾性係数（せん断弾性係数，剛性率）G，ポアソン比 ν といった材料剛性を表す物理量に対応しており，以下の関係がある．

$$\begin{aligned}
\lambda &= \frac{E\nu}{(1+\nu)(1-2\nu)}, & \mu &= G = \frac{E}{2(1+\nu)}, \\
E &= 2(1+\nu)G = \frac{\mu(3\lambda + 2\mu)}{\lambda + \mu}, & \nu &= \frac{\lambda}{2(\lambda + \mu)}.
\end{aligned} \tag{3.1.11}$$

また，超音波計測では，縦波音速c_L，横波音速c_Tが計測しやすい物理量として与えられることが多い．上式の物理量と縦波，横波音速の関係を示すと，

$$\begin{aligned}
c_L &= \sqrt{(\lambda + 2\mu)/\rho}, & c_T &= \sqrt{\mu/\rho}, \\
\lambda &= \rho(c_L^2 - 2c_T^2), & \mu &= \rho c_T^2, \\
E &= \frac{\rho c_T^2 (3c_L^2 - 4c_T^2)}{c_L^2 - c_T^2}, & \nu &= \frac{c_L^2 - 2c_T^2}{2(c_L^2 - c_T^2)}.
\end{aligned} \tag{3.1.12}$$

となっている．

式(3.1.6), (3.1.10)を用いて，式(3.1.5)を変位を用いて整理すると，

$$(\lambda + \mu)u_{j,ji} + \mu u_{i,jj} + \rho f_i = \rho \ddot{u}_i, \tag{3.1.13}$$

となり，ボールド表記では，

$$(\lambda + \mu)\boldsymbol{\nabla}(\boldsymbol{\nabla} \bullet \mathbf{u}) + \mu\boldsymbol{\nabla}^2\mathbf{u} + \rho\mathbf{f} = \rho\ddot{\mathbf{u}}, \tag{3.1.14}$$

となる．変位の各成分を u_x, u_y, u_z として，成分ごとに表記すると以下のようになる．

$$(\lambda + \mu)\left(\frac{\partial^2 u_x}{\partial x^2} + \frac{\partial^2 u_y}{\partial x \partial y} + \frac{\partial^2 u_z}{\partial x \partial z}\right) + \mu\boldsymbol{\nabla}^2 u_x + \rho f_x = \rho\ddot{u}_x,$$

$$(\lambda + \mu)\left(\frac{\partial^2 u_x}{\partial y \partial x} + \frac{\partial^2 u_y}{\partial^2 y} + \frac{\partial^2 u_z}{\partial y \partial z}\right) + \mu\boldsymbol{\nabla}^2 u_y + \rho f_y = \rho\ddot{u}_y, \tag{3.1.15}$$

$$(\lambda + \mu)\left(\frac{\partial^2 u_x}{\partial z \partial x} + \frac{\partial^2 u_y}{\partial z \partial y} + \frac{\partial^2 u_z}{\partial^2 z}\right) + \mu\boldsymbol{\nabla}^2 u_z + \rho f_z = \rho\ddot{u}_z.$$

この均質一様な等方弾性体中を伝搬する波を支配する波動方程式を変位で表記したものは Navier の式と呼ばれている．

　ここで，変位ベクトルの発散と回転について，その物理的意味を示しておく．変位ベクトルの発散は，

$$\boldsymbol{\nabla} \bullet \mathbf{u} = \frac{\partial u_x}{\partial x} + \frac{\partial u_y}{\partial y} + \frac{\partial u_z}{\partial z} = \varepsilon_x + \varepsilon_y + \varepsilon_z \ (\equiv e) \tag{3.1.16}$$

となる．x, y, z 方向の長さが dx, dy, dz の微小六面体（体積 $dV = dxdydz$）は，微小変形によって体積が $dV' = (1 + \varepsilon_x)dx \cdot (1 + \varepsilon_y)dy \cdot (1 + \varepsilon_z)dz$ となるので，その体積変化率 $(dV' - dV)/dV$ は $(1 + \varepsilon_x)(1 + \varepsilon_y)(1 + \varepsilon_z) - 1 \cong e$ となる．つまり波動場を考えた場合，変位ベクトルの発散(3.1.16)は波による変形の体積変化（膨張・収縮）率を表している．この体積変化率は体積ひずみとも呼ばれ，ひずみの第 1 不変量としても知られている．

　変位ベクトルの回転は，

$$\boldsymbol{\nabla} \times \mathbf{u} = \left(\frac{\partial u_z}{\partial y} - \frac{\partial u_y}{\partial z} \quad \frac{\partial u_x}{\partial z} - \frac{\partial u_z}{\partial x} \quad \frac{\partial u_y}{\partial x} - \frac{\partial u_x}{\partial y}\right)^T (\equiv 2\boldsymbol{\omega}) \tag{3.1.17}$$

となり，たとえば第 1 成分は，$y - z$ 面内の微小要素の回転角（の 2 倍）を表しており，それぞれの成分は x, y, z が法線方向成分の面の回転角を表している．このとき，$\boldsymbol{\omega}$ は回転ベクトルと呼ばれる量である．

3.2　一次元波動方程式

3.2.1　ダランベールの解

　均質一様な等方弾性体中を伝搬するあらゆる弾性波は，式(3.1.13)−(3.1.15)に示されているに対する波動方程式（Navier の式）に支配される．ここでは，最も簡単な 1 方向に伝搬

19

3．弾性体中を伝搬する波（境界のない無限弾性媒体中を伝搬する波）

する平面波を取り上げ，その解析解の導出過程を示す．

変位成分としてx方向の変位成分u_xのみが存在し，空間中すべての領域において$u_y = u_z = 0$となっている場合を考える．また，変位成分u_xはxのみの関数であり，y, zには依存しないものとする．図3.1 は，このときに想定される波動の $x - t$ 平面に描いた模式図である．物体力$\mathbf{f} = \mathbf{0}$とすると，式(3.1.15)は，

$$c_0^2 \frac{\partial^2 u_x}{\partial x^2} = \frac{\partial^2 u_x}{\partial t^2}, \quad c_0 = \sqrt{(\lambda + 2\mu)/\rho} \ , \tag{3.2.1}$$

のような1次元の波動方程式となる．このような1次元波動方程式は，変数変換を行うことで簡単に一般解を得ることができ，それはダランベール（d'Alembert）の解として知られている．

はじめに，時間tと空間xを変数とする波動方程式(3.1.15)を以下のようなξ（グザイ，クシー）とη（イータ）を変数とする式として表すことを考える．

$$\xi = x - c_0 t \ , \quad \eta = x + c_0 t \ . \tag{3.2.2}$$

このとき，連鎖律（chain rule）により

$$\begin{aligned}
\frac{\partial u_x}{\partial x} &= \frac{\partial \xi}{\partial x}\frac{\partial u_x}{\partial \xi} + \frac{\partial \eta}{\partial x}\frac{\partial u_x}{\partial \eta} = \frac{\partial u_x}{\partial \xi} + \frac{\partial u_x}{\partial \eta}, \\
\frac{\partial u_x}{\partial t} &= \frac{\partial \xi}{\partial t}\frac{\partial u_x}{\partial \xi} + \frac{\partial \eta}{\partial t}\frac{\partial u_x}{\partial \eta} = -c_0\frac{\partial u_x}{\partial \xi} + c_0\frac{\partial u_x}{\partial \eta},
\end{aligned} \tag{3.2.3}$$

となる．このとき2階微分は，それぞれ

$$\begin{aligned}
\frac{\partial^2 u_x}{\partial x^2} &= \frac{\partial}{\partial x}\left(\frac{\partial u_x}{\partial x}\right) = \frac{\partial \xi}{\partial x}\frac{\partial}{\partial \xi}\left(\frac{\partial u_x}{\partial x}\right) + \frac{\partial \eta}{\partial x}\frac{\partial}{\partial \eta}\left(\frac{\partial u_x}{\partial x}\right) \\
&= \frac{\partial^2 u_x}{\partial \xi^2} + 2\frac{\partial^2 u_x}{\partial \xi \partial \eta} + \frac{\partial^2 u_x}{\partial \eta^2}, \\
\frac{\partial^2 u_x}{\partial t^2} &= \frac{\partial}{\partial t}\left(\frac{\partial u_x}{\partial t}\right) = \frac{\partial \xi}{\partial t}\frac{\partial}{\partial \xi}\left(\frac{\partial u_x}{\partial t}\right) + \frac{\partial \eta}{\partial t}\frac{\partial}{\partial \eta}\left(\frac{\partial u_x}{\partial t}\right) \\
&= c_0^2\left(\frac{\partial^2 u_x}{\partial \xi^2} - 2\frac{\partial^2 u_x}{\partial \xi \partial \eta} + \frac{\partial^2 u_x}{\partial \eta^2}\right),
\end{aligned} \tag{3.2.4}$$

で与えられるので，これを波動方程式(3.1.15)に代入すると，

$$\frac{\partial^2 u_x}{\partial \xi \partial \eta} = 0 \ , \tag{3.2.5}$$

となる．この式をηにより積分すると，ξのみの関数として，

20

$$\frac{\partial u_x}{\partial \xi} = F(\xi) \ , \tag{3.2.6}$$

となり，これをξにより積分すると

$$u_x(\xi, \eta) = f(\xi) + g(\eta) \ , \tag{3.2.7}$$

のように，ξのみの関数fとηのみの関数gの和として求めることができる．式(3.2.2)を代入して，x, tの関数に戻すと

$$u_x(x,t) = f(x - c_0 t) + g(x + c_0 t), \qquad c_0 = \sqrt{(\lambda + 2\mu)/\rho} \ (\equiv c_L), \tag{3.2.8}$$

となる．$f(x - c_0 t)$は時間が経つにつれて$+x$方向に伝搬する進行波を表し，$g(x + c_0 t)$は時間とともに$-x$方向に伝搬する後退波を表している．

　例えば，f が図3.1 (a)のように表される関数であるとする．このとき，様々な位置xに対して得られる$f(x - c_0 t)$と$g(x + c_0 t)$を表示すると，それぞれ図3.1 (b), (c)のように得られた．ただし$c_0 = 1$とした．これらの図からも分かるように，$f(x - c_0 t)$ は速度c_0で$+x$方向に伝搬する進行波であり，図3.1 (b)の波形の同位相位置の軌跡の傾きは速度c_0に対応している．一方，$g(x + c_0 t)$は速度c_0で$-x$方向に伝搬する波であることが分かる．

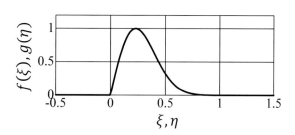

(a) 用いる関数$f(\xi)$と$g(\eta)$

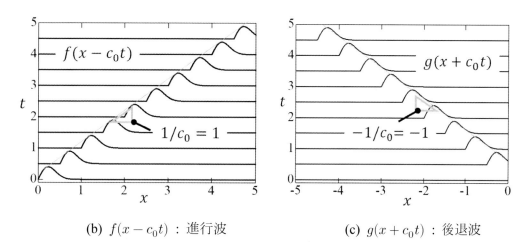

(b) $f(x - c_0 t)$：進行波　　　　　(c) $g(x + c_0 t)$：後退波

図3.1 ダランベールの解から得られる波の例

　すなわち，x方向の変位成分u_xのみを非ゼロの成分として持ち，u_xはxのみの関数と限定した場合，伝搬しうる波は，$+x$方向に$c_0 = \sqrt{(\lambda + 2\mu)/\rho}\ (\equiv c_L)$の速度で伝搬する進行波と$-x$方向に速度$c_0(= c_L)$で伝搬する後退波の２種類に限られることが分かる．これらは，図 3.2 (a)に示す通り，振動方向と伝搬方向いずれもx方向である縦振動の波なので，縦波と呼ばれ，c_Lが縦波音速である．

　また，y方向の変位成分u_yのみを非ゼロの成分として持ち，u_yはxのみの関数である場合には，式(3.1.15)に対応する波動方程式として

$$c_0^2 \frac{\partial^2 u_y}{\partial x^2} = \frac{\partial^2 u_y}{\partial t^2}, \qquad c_0 = \sqrt{\mu/\rho}\ (\equiv c_T), \tag{3.2.9}$$

が与えられ，同様の導出過程により

$$u_y(x,t) = f(x - c_0 t) + g(x + c_0 t) \tag{3.2.10}$$

が得られる．これは図 3.2 (b)のように振動方向（この場合y）と伝搬方向（この場合x）が垂直である横振動の波動であることから横波と呼ばれ，式(3.2.9)で与えられるc_Tは横波音速と呼ばれる．また，この１次元の波動方程式から得られる波動場は，y, z方向には位相が変化せず，同位相面が平面となって伝搬することから，平面波と呼ばれる．

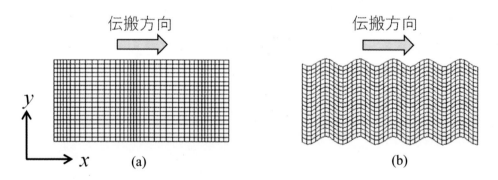

図 3.2　１次元波動方程式より得られる平面波

3.2.2　初期値を与えたときの解析解の導出例

　式(3.2.8), (3.2.10)の一般解を，以下の初期値が与えられた場合について解いてみる．

$$u(x,0) = U(x) = \begin{cases} 1, & -a < x < a \\ 0, & |x| > a \end{cases}, \tag{3.2.11}$$
$$\dot{u}(x,0) = 0\ .$$

ここで，uは式(3.2.8)の縦波の場合u_xであり，式(3.2.10)の横波の場合にはu_yである．また，$\dot{u}$は時間に関する変位の１階微分$\dot{u} = \partial u/\partial t$ を表す．つまり上式は，初期時刻$t = 0$ におけ

る変位と速度を与える初期条件式である．初期時刻$t = 0$ において式(3.2.8), (3.2.10)を時間微分すると，

$$\dot{u}(x,0) = -c_0 f'(x) + c_0 g'(x), \tag{3.2.12}$$

のように得られる．ここで，f', g'は引数における微分であり，ここではxに関する微分ということができる．また，c_0は縦波の場合c_Lを指し，横波の場合c_Tを意味する．式(3.2.11)と式(3.2.12)より

$$f(x) + g(x) = U(x), \quad f'(x) - g'(x) = 0. \tag{3.2.13}$$

これを積分することで，

$$f(x) - g(x) = C \tag{3.2.14}$$

となる．Cは定数である．式(3.2.13)の第1式と式(3.2.14)より，

$$f(x) = \frac{1}{2}\{U(x) + C\}, \qquad g(x) = \frac{1}{2}\{U(x) - C\}. \tag{3.2.15}$$

これらの式に変数xをそれぞれ$x - c_0 t$，$x + c_0 t$に置き換えると，式(3.2.11)の初期条件における式(3.2.8), (3.2.10)の解が以下のように与えられる．

$$u(x,t) = f(x - c_0 t) + g(x + c_0 t) = \frac{1}{2}\{U(x - c_0 t) + U(x + c_0 t)\} \tag{3.2.16}$$

横軸を空間xとして様々な時刻tに対する変位解 u を図3.3 に表示した．様々な時刻における波形のスナップショットを表している．$-1 < x < 1$の領域に変位を与え，静止状態を保ち，$t = 0$において与えていた拘束を解放した形となっている．このとき，$\pm x$方向に対称的に矩形の波が伝搬する様子が分かる．

ここでは導出過程を示さないが，一般に，初期条件が

$$u(x,0) = U(x), \qquad \dot{u}(x,0) = V(x), \tag{3.2.17}$$

のように任意の関数で与えられる場合について，解析解は.

$$u(x,t) = \frac{1}{2}\{U(x - c_0 t) + U(x + c_o t)\} - \frac{1}{2c_0}\{W(x - c_0 t) + W(x + c_o t)\}, \tag{3.2.18}$$

のように求められている[1]．ただし，WはVの積分形であり，

3. 弾性体中を伝搬する波（境界のない無限弾性媒体中を伝搬する波）

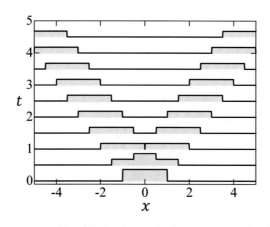

図 3.3　初期値を与えた場合に得られた解

$$W'(x) = V(x), \tag{3.2.19}$$

を満たす関数である.

3.2.3　変数分離による解析解

複数の変数を含む偏微分方程式の解法に変数分離と呼ばれる方法がある. 変数分離は, 解がそれぞれの変数のみからなる項で分離できることを仮定した上で, その仮定に適合する解を探す方法である. ここでは, 空間xと時間tの項が分離できるものと考え, 波動方程式(3.2.1), (3.2.9)の解析解を求めていく.

はじめに, 変位解$u(x,t)$が以下のように分離できるものとする.

$$u(x,t) = X(x)T(t). \tag{3.2.20}$$

このとき, 波動方程式(3.2.1)に代入して整理すると

$$\frac{X''}{X} = \frac{\ddot{T}}{c_0^2 T} (= -k^2), \tag{3.2.21}$$

と書ける. この式は, 左辺が空間xの関数, 右辺が時間tの関数となっているので, これらは定数で表せ, ここでは便宜上$-k^2$とおくことにする. ただし, この時点でkは複素数も許容しており, $-k^2$ が 0 以下の実数を表しているというわけではない. 2 階微分方程式(3.2.21)の解は, 任意定数$A_1 - A_4$を用いて,

$$X = A_1 e^{ikx} + A_2 e^{-ikx}, \quad T = A_3 e^{i\omega t} + A_4 e^{-i\omega t}, \quad \omega = kc_0, \tag{3.2.22}$$

と表せる*ので,

---

*　$X''(x) + k^2 X(x) = 0$の一般解は, $X = A_1 e^{ikx} + A_2 e^{-ikx}$であり, $X = A_1 \cos(kx) + A_2 \sin(kx)$とも書ける.

$$u = (A_1 e^{ikx} + A_2 e^{-ikx})(A_3 e^{i\omega t} + A_4 e^{-i\omega t})$$
$$= B_1 e^{i(kx+\omega t)} + B_2 e^{i(kx-\omega t)} + B_3 e^{-i(kx-\omega t)} + B_4 e^{-i(kx+\omega t)}, \quad (3.2.23)$$
$$B_1 = A_1 A_3, \quad B_2 = A_1 A_4, \quad B_3 = A_2 A_3, \quad B_4 = A_2 A_4,$$

となる．ここで，kが複素数である場合には，$x = +\infty$もしくは$-\infty$において式(3.2.23)の解が発散することから，無限媒質中を伝搬する波動を扱う（境界からの反射を考えない）場合には，kは実数でなくてはならない．kが複素数であるような波動は，反射する境界や界面の近傍や加振点の近傍で現れ，本節ではこのような状況は考えないものとし，以降kは実数であるとする．式(3.2.23)はオイラーの公式より，

$$u = C_1 \cos(kx - \omega t) + C_2 \sin(kx - \omega t) + C_3 \cos(kx + \omega t) + C_4 \sin(kx + \omega t),$$

$$C_1 = B_2 + B_3, \quad C_2 = i(B_2 - B_3), \quad C_3 = B_1 + B_4, \quad C_4 = i(B_1 - B_4), \quad (3.2.24)$$

と書くこともできる．上式第1項，第2項が前進波を表しており，第3項，第4項が後退波となっているので，ちょうどダランベールの解（式(3.2.8), (3.2.10)）に対応していることが分かる．ここで，変位解uが実数で与えられる場合，任意定数C_1—C_4は実数であり，三角関数の合成公式を利用して，

$$u = A \cos(kx - \omega t + \phi_1) + B \cos(kx + \omega t + \phi_2), \quad (3.2.25)$$

となり，進行波，後退波が正弦波となっていることが分かりやすい．ただし，A, B, ϕ_1, ϕ_2は任意の実数定数である．図3.4 (a)の実線は，ある時刻（例えば$t = 0$, $\phi_1 = 0$とする）における進行波（$A \cos(kx - \omega t + \phi_1)$）の模式図である．$\lambda = 2\pi/k$はこの正弦波の空間的な周期を表し，一般に波長（wavelength）と呼ばれる．また，$k(= 2\pi/\lambda)$は長さ2π当たりの正弦波の数を表し波数（wavenumber, wave number, wave-number）と呼んでいる（分野によっては単位長さ当たりの正弦波の数（波長の逆数）を波数という）．Aは振幅（amplitude）と呼ばれるが，計測分野では最大，最小電圧値の差$2A$を振幅と呼ぶことも多い．図3.4 (b)の実線は，ある位置（$x = 0$, $\phi_1 = 0$とする）における進行波の模式図であり，横軸を時間としている．$T = 2\pi/\omega$はこの正弦波の時間的な周期を表し，一般に周期（period）と呼ばれる．また，周期の逆数（$f = 1/T$）を周波数（frequency），$\omega(= 2\pi f)$を角周波数（angular frequency）と呼ぶ．図3.4 (a)の破線は，$T/4$後の波形を表しており，$+x$方向に進行していることが分かる．また，図3.4(b)破線は位置$x = \lambda/4$における波形であり，$x = 0$の波形に比べ，やや遅れて波形が現れており，やはり$+x$方向に進行していることを表している．このときの波の速度はc_0である．特に同位相の部分（たとえば山の頂点など）に注目した速度であり，後に出てくる群速度（group velocity）との区別からc_0は位相速度（phase velocity）と呼ばれる．以上をまとめると表3.1のようになっている．

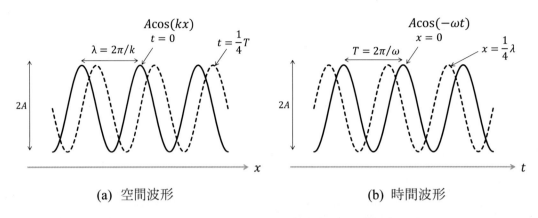

(a) 空間波形   (b) 時間波形

図 3.4　調和波の空間波形と時間波形

表 3.1　調和波を構成するパラメータ

振幅（amplitude）	A または $2A$
波長（wavelength）	$\lambda = 2\pi/k = c_0/f = 2\pi c_0/\omega$
波数（wavenumber, wave number, wave-number）	$k = 2\pi/\lambda = \omega/c_0$
周期（period）	$T = 1/f = \lambda/c_0$
周波数（frequency）	$f = 1/T = \omega/(2\pi)$
角周波数（angular frequency）	$\omega = kc_0 = 2\pi f = 2\pi/T$
位相速度（phase velocity）	$c_0 = \omega/k = f\lambda$

> 変数分離による解を求めた場合，当然のことながら変数分離が可能な場合の解のみを求めていることになり，その他にも解が存在する可能性を含んでいる（一意性が保証されていない）．しかし，変数分離により求められた任意定数を含む解に対し，境界条件や初期条件を与えて一つの特殊解 y_1 が求められた場合，その解は与えられた条件における物理現象を表していることは間違いない．このとき同じ支配方程式，同じ境界条件や初期条件で別の物理現象 y_2 が現れるだろうか？　弾性波動問題の場合，適切に境界条件や初期条件が与えられれば，同じ物理現象が現れるという直感的な理解から，解の一意性は保証されると予想できる．もちろん厳密な証明も可能であるが，本書の範囲を超えるので省略する．

3.2.4　1次元波動方程式の一般解（変数分離解からの導出）

　式(3.2.23)や式(3.2.24)は，波数 k，角周波数 ω の場合の特解を示したのみであり，一般解は変数の定義域の積分形で与えられる．ここでは $\omega = c_0 k$ の関係を用いて，波数 k に関する積分により以下のように書ける．

$$u(x,t) = \int_{-\infty}^{\infty} \left[B_1 e^{ik(x+c_0t)} + B_2 e^{ik(x-c_0t)} + B_3 e^{-ik(x-c_0t)} + B_4 e^{-ik(x+c_0t)} \right] \mathrm{d}k.$$

(3.2.26)

ここで$B_1 - B_4$はkに関する任意関数となる．積分域に注意して整理すると，

$$u(x,t) = \int_{-\infty}^{\infty} \left[E_1 e^{ik(x+c_0t)} + E_2 e^{ik(x-c_0t)} \right] \mathrm{d}k,$$

(3.2.27)

となる．ただし，$E_1 = B_1(k) - B_4(k)$, $E_2 = B_2(k) - B_3(k)$である．

ここで，この一般解に対し，式(3.2.11)の初期条件を与えてみる．式(3.2.27)の時間微分は

$$\dot{u}(x,t) = ic_0 \int_{-\infty}^{\infty} \left[kE_1 e^{ik(x+c_0t)} - kE_2 e^{ik(x-c_0t)} \right] \mathrm{d}k,$$

(3.2.28)

となるので，

$$u(x,0) = U(x) = \int_{-\infty}^{\infty} (E_1 + E_2) e^{ikx} \mathrm{d}k,$$
$$\dot{u}(x,0) = V(x) = ic_0 \int_{-\infty}^{\infty} (E_1 - E_2) k e^{ikx} \mathrm{d}k,$$

(3.2.29)

が成立する．ここで，上式の第1式，第2式はそれぞれフーリエ変換の形となっていることから，$U(x), V(x)$の逆フーリエ変換をそれぞれ$\hat{U}(k)$, $\hat{V}(k)$とすると，

$$U(x) = \frac{1}{2\pi} \int_{-\infty}^{\infty} \hat{U}(k) e^{ikx} \mathrm{d}k, \qquad V(x) = \frac{1}{2\pi} \int_{-\infty}^{\infty} \hat{V}(k) e^{ikx} \mathrm{d}k, \quad (3.2.30)$$

であり，

$$\hat{U} = 2\pi(E_1 + E_2), \qquad \hat{V} = 2\pi ic_0 k(E_1 - E_2) \ , \tag{3.2.31}$$

となる．これからE_1, E_2を求めると，

$$E_1 = \frac{\hat{U}}{4\pi} + \frac{\hat{V}}{4\pi ic_0 k} \ , \qquad E_2 = \frac{\hat{U}}{4\pi} - \frac{\hat{V}}{4\pi ic_0 k} \ , \tag{3.2.32}$$

が得られる．これらを式(3.2.27)に代入して整理すると，

$$u(x,t) = \frac{1}{4\pi} \int_{-\infty}^{\infty} \hat{U} \left\{ e^{ik(x+c_0t)} + e^{ik(x-c_0t)} \right\} \mathrm{d}k$$
$$+ \frac{1}{4\pi c_0} \int_{-\infty}^{\infty} \frac{\hat{V}}{ik} \left\{ e^{ik(x+c_0t)} - e^{ik(x-c_0t)} \right\} \mathrm{d}k$$

(3.2.33)

となり，以下のフーリエ逆変換と積分の公式より

$$f(x + \alpha) = \frac{1}{2\pi} \int_{-\infty}^{\infty} F(k)\{e^{ik(x+\alpha)}\}\mathrm{d}k,$$

$$\int_C^x f(\xi)\mathrm{d}\xi = \frac{1}{2\pi} \int_C^x \left[\int_{-\infty}^{\infty} F(k)e^{ik\xi}\mathrm{d}k \right]\mathrm{d}\xi = \frac{1}{2\pi} \int_{-\infty}^{\infty} \left[\frac{F(k)}{ik}e^{ikx} + C' \right]\mathrm{d}k,$$

(3.2.34)

$u(x,t)$は

$$u(x,t) = \frac{1}{2}\{U(x+c_0t) + U(x-c_0t)\} + \frac{1}{2c_0} \int_{x-c_0t}^{x+c_0t} V(\xi)\mathrm{d}\xi, \quad (3.2.35)$$

のように変形でき，これはダランベールの解法により求めた式(3.2.18)と同じ式となる．

3.2.5 端部に強制調和振動を与えた場合の半無限弾性体中の平面波（複素調和波の解）

次の例として，$x \geq 0$を定義域とする半無限の弦の端部$x = 0$に以下の式で与えられる強制振動を与えた場合の波を考える．

$$u(0,t) = u_0 e^{i\omega_0 t}(= u_0(\cos(\omega_0 t) + i\sin(\omega_0 t)) \ . \tag{3.2.36}$$

このとき，実数部に$u_0\cos(\omega_0 t)$の強制振動に対する解が，虚部として$u_0\sin(\omega_0 t)$の強制振動に対する解がそれぞれ得られる．式(3.2.23)に$x = 0$における境界条件式(3.2.36)を代入すると，

$$u_0 e^{i\omega_0 t} = B_1 e^{i\omega t} + B_2 e^{-i\omega t} + B_3 e^{i\omega t} + B_4 e^{-i\omega t} \ , \tag{3.2.37}$$

となるので，すべてのtで成立するためには，

$$\begin{aligned} &B_2 + B_4 = 0, &&B_1 + B_3 = u_0, \\ &\omega = \omega_0 &&k = \omega_0/c_0 (\equiv k_0), \end{aligned} \tag{3.2.38}$$

が成立する．つまり，このときの解は

$$\begin{aligned} u(x,t) = &B_1 e^{i(k_0 x + \omega_0 t)} + B_2 e^{i(k_0 x - \omega_0 t)} \\ &+ (u_0 - B_1)e^{-i(k_0 x - \omega_0 t)} - B_2 e^{-i(k_0 x + \omega_0 t)}, \end{aligned} \tag{3.2.39}$$

のように書ける．ここで，半無限弦が$x \geq 0$を定義域とし，波は$+x$方向に伝搬することを考慮すると，第1項と第4項は消去される．すなわち，$B_1 = B_2 = 0$．よって得られる解は，

$$u(x,t) = u_0 e^{-i(k_0 x - \omega_0 t)}, \tag{3.2.40}$$

となる．この解は複素数となっており，実部は$u_0\cos(\omega_0 t)$の強制振動に対する解であり，虚

部は$u_0 \sin(\omega_0 t)$の強制振動に対する解となっている.

3.2.6 複素調和波の利用

これまでに見た通り,線形システムの支配方程式である偏微分方程式の解析解を求める際,変数分離を仮定すると,導出過程において角周波数ωの調和波が現れる.そのため,解を$X(x)e^{i\omega t}$や$X(x)e^{-i\omega t}$とおいて,議論を進めることも多い.このとき一般解は,角周波数ωに関する$-\infty$から∞の積分として,

$$u(t) = \int_{-\infty}^{\infty} U(\omega)e^{-i\omega t}\mathrm{d}\omega \quad \text{or} \quad u(t) = \int_{-\infty}^{\infty} U(\omega)e^{i\omega t}\mathrm{d}\omega \tag{3.2.41}$$

により与えられるため,$e^{\pm i\omega t}$のどちらを解として採用しても問題ない.ただし,$e^{-i\omega t}$の場合には進行波が$e^{i\omega(x/c-t)}$ $(c>0)$となり,$e^{i\omega t}$とした場合には,進行波は$e^{-i\omega(x/c-t)}$ $(c>0)$で表されることに注意が必要である.また,時間領域のデータ$u(t)$と周波数領域のデータ$U(\omega)$はフーリエ変換と逆変換の関係にあり,時間領域,周波数領域どちらで議論しても情報が欠落することはないことが分かる.

実際に計測される波動場は当然のことながら実数データであり,理論解析において複素表記した変数の実部(または虚部)を取ることで,対応するデータを得ることができる.その際,複素表記した変数の和,差,微分,積分などは複素表記のまま計算し,最後に実部を取ることで計算が可能である.つまり

$$\mathrm{Re}(u_1 + u_2) = \mathrm{Re}(u_1) + \mathrm{Re}(u_2), \quad \mathrm{Re}\left(\frac{\partial u}{\partial x}\right) = \frac{\partial[\mathrm{Re}(u)]}{\partial x},$$
$$\mathrm{Re}\left(\int u\mathrm{d}x\right) = \int \mathrm{Re}(u)\mathrm{d}x , \tag{3.2.42}$$

が成立する.しかし,積が入る場合にはその取扱いに注意しなくてはならない.つまり,

$$\mathrm{Re}(u_1)\mathrm{Re}(u_2) \neq \mathrm{Re}(u_1 u_2), \tag{3.2.43}$$

である.これらの性質は,複素数の四則演算を考えれば当然なのであるが,複素調和波を利用した計算において頻出するので注意が必要である.また,複素調和波を利用しなくても,$\sin, \cos$ の各種公式を駆使すれば同様の計算が可能であるが,指数関数を用いた方が微分や積分の計算が簡単になり式も整理しやすくなる.そのためできるだけ複素調和波を利用して計算を進め,途中に式(3.2.43)のような積を取ってないことに注意しながら,最後に実部を取ると良い.

3.3 任意方向を伝搬する平面波

3.2 節ではx方向に伝搬する平面波を 1 次元波動方程式の解として求めてきた．本節では，任意の単位ベクトル方向$\mathbf{n} = (n_x \ n_y \ n_z)^T$に伝搬する平面波の解を導出する．図 3.5 のように，$x-y-z$のデカルト座標系において，平面波の伝搬方向の単位ベクトルが$\mathbf{n}$となっており，位置ベクトルを$\mathbf{r}$とした場合，平面波の同位相の面（波面）は，$\mathbf{n} \bullet \mathbf{r} = $ const.と表される．平面波が$\mathbf{n}$方向に速度cで伝搬する場合，位相は$\mathbf{n} \bullet \mathbf{r} - ct$となるので，この平面波は

$$\mathbf{u} = \mathbf{A}f(\mathbf{n} \bullet \mathbf{r} - ct), \quad \text{or} \quad u_i = A_i f(n_k x_k - ct), \tag{3.3.1}$$

のように書ける．ここで$\mathbf{A}, A_i$,は各方向の振幅を成分にもつベクトルであり，fはかっこ内を引数にもつ関数である．これを 3 次元の波動方程式(3.1.13)に代入する（ここではボールド表記で計算するより指標表記の方が簡単である）．

$$u_{j,i} = A_j n_i f', \quad u_{j,ij} = A_j n_i n_j f'', \quad u_{i,jj} = A_i n_j n_j f'',$$
$$\ddot{u}_i = c^2 A_i f'', \tag{3.3.2}$$

となるので，物体力を省略した波動方程式(3.1.13)は

$$(\lambda + \mu)A_j n_i n_j f'' + \mu A_i n_j n_j f'' = \rho c^2 A_i f'' \tag{3.3.3}$$

となる．波動場を考える場合$f'' \neq 0$であり，$n_j n_j = 1$, $A_i = \delta_{ij} A_j$であるので，

$$\{(\lambda + \mu)n_i n_j + (\mu - \rho c^2)\delta_{ij}\}A_j = 0 \tag{3.3.4}$$

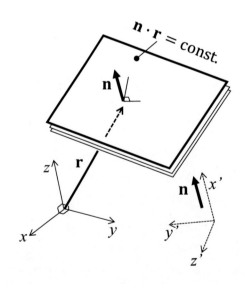

図 3.5 法線方向が単位ベクトル$\mathbf{n}$の平面波と$\mathbf{n}$方向をx'軸とした座標系

$\mathbf{n} \bullet \mathbf{r}$ は位置ベクトル$\mathbf{r}$を$\mathbf{n}$方向に射影した長さを表し，$\mathbf{n} \bullet \mathbf{r} =$ const.で表される位置$\mathbf{r}$は$\mathbf{n}$に垂直な同一平面上の点を表す．その面が速度cで移動する場合，$\mathbf{n} \bullet \mathbf{r} - ct =$ const. となり，$\mathbf{n} \bullet \mathbf{r} - ct$が進行する平面波の位相となる．

が成立している．このとき，非自明解（すべてのA_jがゼロでない解，non-trivial solution）が存在するためには，{ }内の行列式（determinant）がゼロにならなくてはならない．単位ベクトルの条件$n_j n_j = 1$を考慮して行列式=0を解くと，

$$(\lambda + 2\mu - \rho c^2)(\mu - \rho c^2)^2 = 0 ,\qquad (3.3.5)$$

となり，得られる音速cは

$$c = \sqrt{\frac{\lambda + 2\mu}{\rho}} \ (\equiv c_L), \qquad \sqrt{\frac{\mu}{\rho}} \ (\equiv c_T), \qquad (3.3.6)$$

であり，ちょうど縦波と横波の音速となっている．また，これらの条件のときの振幅解は，

$$c = \sqrt{\frac{\lambda + 2\mu}{\rho}}(\equiv c_L)\text{のとき} \quad \mathbf{A} = A_0 \mathbf{n} ,$$
$$c = \sqrt{\frac{\mu}{\rho}}(\equiv c_T)\text{のとき} \quad \mathbf{n} \bullet \mathbf{A} = 0 , \qquad (3.3.7)$$

の関係が得られる．すなわち，音速がc_Lの場合には，平面波の波面の法線ベクトル$\mathbf{n}$と振動方向$\mathbf{A}$が一致しており，音速がc_Tの場合には，平面波の波面の法線ベクトル$\mathbf{n}$と振動方向$\mathbf{A}$が直交していることが分かる．これらは，それぞれ縦波と横波の性質そのものである．

ここで，1次元の波動方程式から求められた一般解(3.2.8), (3.2.10)と比較してみる．式(3.2.8)の縦波進行波の場合，進行方向$\mathbf{n}$がx'軸となっている$x' - y' - z'$座標系を考える．このとき式(3.2.8)で与えられるx'方向の変位は，

$$u_{x'} = A_{x'} f(x' - c_L t), \qquad (3.3.8)$$

と書くことができる．ここで，$A_{x'}$は任意の定数である．x', y', z'方向の単位方向ベクトルをそれぞれ$\mathbf{e}_{x'}, \mathbf{e}_{y'}, \mathbf{e}_{z'}$とおくと，$\mathbf{n}$が$x'$軸の方向ベクトルであることから，$\mathbf{n} = \mathbf{e}_{x'}$と書け，$\mathbf{r} = x'\mathbf{e}_{x'} + y'\mathbf{e}_{y'} + z'\mathbf{e}_{z'}$であるので，上式は

$$u_{x'} = A_{x'} f(\mathbf{n} \bullet \mathbf{r} - c_L t), \qquad (3.3.9)$$

となる．すなわち

$$\mathbf{u} = \mathbf{A} f(\mathbf{n} \bullet \mathbf{r} - c_L t), \quad \mathbf{u} = u_{x'}\mathbf{e}_{x'}, \ \mathbf{A} = A_{x'}\mathbf{e}_{x'}, \qquad (3.3.10)$$

のように，式(3.3.1)の形で書くことできる．この座標系から回転させて任意のデカルト座標系を考えても各ベクトルの性質は変わらないので，式(3.3.1)が一般的に成立する．

また，式(3.2.10)の横波進行波の場合，y'方向の変位を

3．弾性体中を伝搬する波（境界のない無限弾性媒体中を伝搬する波）

$$u_{y'} = A_{y'} f(x' - c_T t), \tag{3.3.11}$$

と書くことができる．ここで，$A_{y'}$は任意の定数である．式(3.3.9)と同様に

$$u_{y'} = A_{y'} f(\mathbf{n} \bullet \mathbf{r} - c_T t), \tag{3.3.12}$$

となり，

$$\mathbf{u} = \mathbf{A} f(\mathbf{n} \bullet \mathbf{r} - c_T t), \quad \mathbf{u} = u_{y'} \mathbf{e}_{y'}, \ \mathbf{A} = A_{y'} \mathbf{e}_{y'}, \tag{3.3.13}$$

のように，同様に式(3.3.1)の形で書くことできる．

ここで，波数は $k = \omega/c_L$ または$k = \omega/c_T$であるので，$\mathbf{k} = k\mathbf{n}$というベクトルを導入すると，平面波は

$$\mathbf{u} = \mathbf{A} f(\mathbf{k} \bullet \mathbf{r} - \omega t) \tag{3.3.14}$$

と書くこともでき，平面波の進行方向を示す$\mathbf{k}$は波数ベクトルと呼ばれている．

3.4 平面波のエネルギ

音響波や電磁波のエネルギ流束密度を表す量としてポインティングベクトルが以下のように定義されている[2]．

$$\mathbf{P} = -\boldsymbol{\sigma}\dot{\mathbf{u}} + \mathbf{E} \times \mathbf{H} \tag{3.4.1}$$

ここで，$\boldsymbol{\sigma}$は応力テンソル，$\dot{\mathbf{u}}$は変位ベクトルの時間微分，$\mathbf{E}, \mathbf{H}$はそれぞれ電場と磁場を表すベクトルである．第1項は単位時間に単位面積を通過する音響波のエネルギ（エネルギ流束密度）を表し，第2項は単位時間に単位面積を通過する電磁波のエネルギである．通過する面Aの単位法線ベクトルを$\mathbf{n}$とすると，音響波による面Aを透過するエネルギ流束（単位時間当たりのエネルギ）は，

$$E = -\int_A (\boldsymbol{\sigma}\dot{\mathbf{u}}) \bullet \mathbf{n}\,\mathrm{d}A = -\int_A \sigma_{ij}\dot{u}_j \mathrm{n}_i\,\mathrm{d}A \tag{3.4.2}$$

となる．

ここで，縦波の平面波が単位面積を通過するときのエネルギ流束を考える（図3.6）．平面波の伝搬方向成分を実数表記で

$$u_x = u_0 \sin(k_L x - \omega t), \tag{3.4.3}$$

のように記述した場合，垂直応力と変位の時間微分は

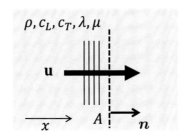

図 3.6　面 A を通過する平面波

$$\sigma_x = (\lambda + 2\mu)\frac{\partial u_x}{\partial x} = \omega Z_L u_0 \cos(k_L x - \omega t),$$

$$\dot{u}_x = -\omega u_0 \cos(k_L x - \omega t) = -\sigma_x/Z_L, \qquad Z_L = \rho c_L,$$

(3.4.4)

と書ける．ここで Z_L は音響インピーダンスと呼ばれる物理量で，後の章で透過・反射を扱う際に頻出する．このとき $x = x_0$ に位置する法線ベクトルが $+x$ 方向の面 A を通過する単位面積当たりのエネルギ流束は，

$$E = -\sigma_x \dot{u}_x = (\sigma_x)^2/Z_L = Z_L \omega^2 u_0^2 \cos^2(k_L x_0 - \omega t)$$

(3.4.5)

のように振動により周期的に変動しながら透過する．また，エネルギ流束は応力（音圧）の二乗に比例することも分かる．ここで，以下で定義される時間平均エネルギを考える．

$$E^{AVE} \equiv \frac{1}{T}\int_0^T E\,\mathrm{d}t.$$

(3.4.6)

T は角周波数 ω に対する 1 周期分の時間であり $T = 2\pi/\omega$ である．積分を実行すると，

$$E^{AVE} \equiv \frac{1}{2}Z_L \omega^2 u_0^2,$$

(3.4.7)

となっている．

　縦波変位を

$$u_x = u_0 \mathrm{e}^{i(k_L x - \omega t)}$$

(3.4.8)

のように複素表記で表した場合，$\dot{u}_x$ の複素共役と σ_x の積で表される以下の式を考えると

$$E^* \equiv -\frac{(\dot{u}_x)^* \sigma_x}{2}$$

$$= -\frac{(-i\omega u_x)^* \{ik_L(\lambda + \mu)u_x\}}{2} = \frac{1}{2}Z_L \omega^2 u_0^* u_0,$$

(3.4.9)

となり，以下の通り，この実数部が式(3.4.7)で表したエネルギ流束密度の時間平均を表している．

$$\mathrm{Re}(E^*) \equiv -\mathrm{Re}\left\{\frac{(\dot{u}_x)^*\sigma_x}{2}\right\} = \frac{1}{2}Z_L\omega^2\mathrm{Re}(u_0 u_0^*) = E^{AVE}. \tag{3.4.10}$$

平面波の場合，エネルギ流束密度の時間平均E^{AVE}は位置に依存せず，複素表記を用いれば容易に算出できるため，波動のエネルギを表す指標として多くの場面で利用される．上述の議論は，横波の調和波についても成立しており，各物理量を横波のそれらに変換するだけで各式が利用できる．

　また，振動による単位体積当たりの運動エネルギ（運動エネルギ密度）とひずみエネルギ（ひずみエネルギ密度）は以下のように与えられる．

$$K = \frac{1}{2}\rho\dot{u}_i\dot{u}_i, \quad U = \frac{1}{2}\sigma_{ij}\varepsilon_{ij}. \tag{3.4.11}$$

したがって，式(3.4.3)で変位が与えられる場合の，運動エネルギ密度，ひずみエネルギ密度は，

$$K = U = \frac{1}{2}\rho\omega^2 u_0^2 \cos^2(k_L x - \omega t), \tag{3.4.12}$$

となり，その時間平均は

$$K^{AVE}\left(\equiv \frac{1}{T}\int_0^T K\mathrm{d}t\right) = \frac{1}{4}\rho\omega^2 u_0^2 = U^{AVE}\left(\equiv \frac{1}{T}\int_0^T U\mathrm{d}t\right). \tag{3.4.13}$$

となる．また，式(3.4.10)と同様に，変位を複素表記(3.4.8)で表した場合には，

$$\begin{aligned}
K^{AVE} &= \frac{1}{2}\mathrm{Re}\left(\frac{1}{2}\rho\dot{u}_x\dot{u}_x^*\right) = \frac{1}{4}\rho\omega^2\mathrm{Re}(u_0 u_0^*), \\
U^{AVE} &= \frac{1}{2}\mathrm{Re}\left(\frac{1}{2}\sigma_x\varepsilon_x^*\right) = \frac{1}{4}\rho\omega^2\mathrm{Re}(u_0 u_0^*),
\end{aligned} \tag{3.4.14}$$

のように簡単に計算することができる．このとき，K^{AVE}, U^{AVE}はそれぞれ単位体積当たりの運動エネルギ，ひずみエネルギであり，$K^{AVE} + U^{AVE}$が単位体積当たりの振動系のエネルギである．図 3.7 に示すように，エネルギが単位面積を通過する速さをc_Eとした場合，単位面積を単位時間に通過するエネルギは $(K^{AVE} + U^{AVE})c_E$ となり，これは式(3.4.7)のエネルギ流束密度に他ならない．

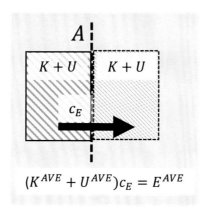

図 3.7　振動系のエネルギとエネルギ流束の関係

すなわち

$$E^{AVE} = (K^{AVE} + U^{AVE})c_E \qquad (3.4.15)$$

よって

$$c_E = \frac{E^{AVE}}{K^{AVE} + U^{AVE}} = \frac{\frac{1}{2}Z_L\omega^2 u_0^2}{\frac{1}{4}\rho\omega^2 u_0^2 + \frac{1}{4}\rho\omega^2 u_0^2} = c_L \qquad (3.4.16)$$

となり，エネルギが伝搬する速度が縦波速度に等しいことが示された．ここでは，縦波の平面波を表したが，第 5 章で紹介されるガイド波は，位相の速度とエネルギの速度が異なることが知られており，その際位相速度と区別するため，c_Eは群速度と呼ばれる．

3章の参考文献

[1]　K. F. Graff, *Wave motion in elastic solids*, Dover 1991, pp.14-17

[2]　B. A. Auld, *Acoustic fields and waves in solids*, vol. I, Ch.5, Krieger Pub Co, 1990, pp.135-161

4. 境界・界面における反射・透過・屈折・モード変換

第3章では，境界や界面のない無限弾性体中を伝搬する波動場について検討してきた．超音波を用いた非破壊計測では，境界や界面での伝搬特性に着目して，材料物性や界面状態，損傷状態を見積もることも多い．本章では，境界や界面における反射・透過・屈折といった現象を，均質一様な等方弾性体中の波動場を表す波動方程式を用いて議論する．反射・透過・屈折などを扱う場合，変位ポテンシャルを導入することで解法が容易になる場合があるため，初めに変位ポテンシャルを用いた波動方程式について述べ，その後，自由境界や異種材料の界面における反射や透過，屈折，モード変換について示す．

4.1 変位ポテンシャルによる波動方程式

ポテンシャル関数を用いて変位ベクトルを表記することで，その後の式展開が簡潔になることが多い．特に，レイリー波やラム波の式展開などでは，変位ポテンシャルの導入が有効である．そこで，本節ではスカラーポテンシャルΦ（ファイ，phi）とベクトルポテンシャルΨ（プサイ，プシー，psi）を導入して変位ベクトルを表現し，波動方程式を変位ポテンシャルにより表す．

任意のベクトルはヘルムホルツ分解により，スカラーポテンシャルΦの勾配とベクトルポテンシャルΨの回転の和として表される．

$$\mathbf{u} = \nabla\Phi + \nabla \times \Psi \tag{4.1.1}$$

変位の要素が3つであるのに対し，右辺は$\Phi, \Psi = \begin{pmatrix} \Psi_x & \Psi_y & \Psi_z \end{pmatrix}^T$の4つの成分があるので，拘束条件として

$$\nabla \bullet \Psi = 0 \tag{4.1.2}$$

を設定することが多い．式(4.1.1)を変位の各成分に対して書くと

$$
\begin{aligned}
u_x &= \frac{\partial \Phi}{\partial x} + \frac{\partial \Psi_z}{\partial y} - \frac{\partial \Psi_y}{\partial z}, \\
u_y &= \frac{\partial \Phi}{\partial y} + \frac{\partial \Psi_x}{\partial z} - \frac{\partial \Psi_z}{\partial x}, \\
u_z &= \frac{\partial \Phi}{\partial z} + \frac{\partial \Psi_y}{\partial x} - \frac{\partial \Psi_x}{\partial y},
\end{aligned}
\tag{4.1.3}
$$

となる．同様に，物体力ベクトル$\mathbf{f}$を以下のようにヘルムホルツ分解をする．

$$\mathbf{f} = \boldsymbol{\nabla} f + \boldsymbol{\nabla} \times \mathbf{B}, \qquad \boldsymbol{\nabla} \bullet \mathbf{B} = \mathbf{0}, \tag{4.1.4}$$

ここで，式(4.1.1), (4.1.4)を Navier の式(3.1.14)に代入して整理すると，

$$\boldsymbol{\nabla}\{(\lambda + 2\mu)\boldsymbol{\nabla^2}\varPhi + \rho f - \rho\ddot{\varPhi}\} + \boldsymbol{\nabla} \times (\mu\boldsymbol{\nabla^2}\boldsymbol{\Psi} + \rho\mathbf{B} - \rho\ddot{\boldsymbol{\Psi}}) = \mathbf{0} \ , \tag{4.1.5}$$

となる．この式が成立する十分条件として，2 つのかっこ内が 0 になることが挙げられる．すなわち

$$(\lambda + 2\mu)\boldsymbol{\nabla^2}\varPhi + \rho f = \rho\ddot{\varPhi} \implies \ddot{\varPhi} = c_L^2\boldsymbol{\nabla^2}\varPhi + f \ , \tag{4.1.6}$$

$$\mu\boldsymbol{\nabla^2}\boldsymbol{\Psi} + \rho\mathbf{B} = \rho\ddot{\boldsymbol{\Psi}} \implies \ddot{\boldsymbol{\Psi}} = c_T^2\boldsymbol{\nabla^2}\boldsymbol{\Psi} + \mathbf{B} \ , \tag{4.1.7}$$

というスカラーポテンシャルおよびベクトルポテンシャルに対する 2 つの波動方程式が得られる．逆にこれら以外にも式(4.1.5)を満たす解が得られる可能性が考えられるが，本条件(4.1.6), (4.1.7)が Navier の式を満たすのに必要十分であることも既に証明されている[1].

スカラーポテンシャル$\varPhi$を変数とする式(4.1.6)は，縦波音速c_Lのみを材料定数に持つ波動方程式となっており，本式は縦波音速で伝搬する波，すなわち縦波の支配方程式を表す．一方，ベクトルポテンシャル$\boldsymbol{\Psi}$を変数とする式(4.1.7)は，横波音速c_Tのみ材料定数に持つ波動方程式であり，横波の支配方程式となっている．このように，スカラーポテンシャル$\varPhi$，ベクトルポテンシャル$\boldsymbol{\Psi}$を式(4.1.1)のように導入することで，波動方程式を縦波成分と横波成分の 2 式に分離することができる．

ここで，式(3.1.16), (3.1.17)のように変位ベクトル$\mathbf{u}$の発散と回転を考える．式(4.1.1)の変位ベクトルの発散は，

$$e \equiv \boldsymbol{\nabla} \bullet \mathbf{u} = \boldsymbol{\nabla} \bullet \boldsymbol{\nabla}\varPhi + \boldsymbol{\nabla} \bullet \boldsymbol{\nabla} \times \boldsymbol{\Psi} = \boldsymbol{\nabla^2}\varPhi \ , \tag{4.1.8}$$

のようにスカラーポテンシャル$\varPhi$のみで表すことができる．ここで，発散と回転の公式$\boldsymbol{\nabla} \bullet \boldsymbol{\nabla} \times \boldsymbol{\Psi} = \mathbf{0}$ を用いた．このとき，スカラーポテンシャルの波動方程式(4.1.6)の両辺に$\boldsymbol{\nabla^2}$を掛けると，

$$(\lambda + 2\mu)\boldsymbol{\nabla^2}e + \rho\boldsymbol{\nabla^2}f = \rho\ddot{e} \implies \ddot{e} = c_L^2\boldsymbol{\nabla^2}e + \boldsymbol{\nabla^2}f, \tag{4.1.9}$$

のように，体積ひずみeに関する波動方程式が得られる．すなわち，変位ベクトルの発散（体積ひずみ）は，音速c_Lで伝搬する波動場，つまり縦波である．

また，式(4.1.1)の変位ベクトルの回転は，

$$2\boldsymbol{\omega} \equiv \boldsymbol{\nabla} \times \mathbf{u} = \boldsymbol{\nabla} \times \boldsymbol{\nabla}\varPhi + \boldsymbol{\nabla} \times \boldsymbol{\nabla} \times \boldsymbol{\Psi} = \boldsymbol{\nabla} \times \boldsymbol{\nabla} \times \boldsymbol{\Psi} \ , \tag{4.1.10}$$

のようにベクトルポテンシャル$\mathbf{\Psi}$のみで表すことができる．ここで，勾配と回転の公式$\nabla \times \nabla \Phi = \mathbf{0}$ を用いた．このとき，ベクトルポテンシャルの波動方程式(4.1.7)の両辺に$\nabla \times \nabla \times$を作用させると，

$$\nabla \times \nabla \times \ddot{\mathbf{\Psi}} = c_T^2 \nabla \times \nabla \times (\nabla^2 \mathbf{\Psi}) + \nabla \times \nabla \times \mathbf{B} ,$$

$$\therefore \quad \ddot{\boldsymbol{\omega}} = c_T^2 \nabla^2 \boldsymbol{\omega} + \frac{1}{2} \nabla \times \nabla \times \mathbf{B} ,$$

(4.1.11)

となり，回転ベクトル$\boldsymbol{\omega}$が形成する波動場は，横波であることが分かる．

　数値計算結果を可視化する際，変位や応力などで表示する以外にも，このような体積ひずみeや回転ベクトル$\boldsymbol{\omega}$で表示することで，縦波由来の波動場と横波由来の波動場を分離することができる．

4.2 境界・界面に垂直に入射される平面波の反射・透過

　以下，境界や界面での反射・透過・屈折について，等方弾性体の波動方程式を元に考える．垂直入射の場合には，スカラーポテンシャルΦ，ベクトルポテンシャル$\mathbf{\Psi}$を導入しなくても，境界条件や接続条件より容易に解くことができる．

4.2.1 自由端，固定端における全反射

　はじめに，１つの媒質内を伝搬した平面波が端面に垂直入射した際の反射波を考える．図 4.1 のように$x < 0$の媒質（密度ρ，縦波音速c_L，横波音速c_T，ラーメ定数λ, μ）中を$+x$方向に伝搬した平面波が$x = 0$の端面にて反射する．端面は法線方向が$+x$である平面であり，反射波は$-x$方向に平面波となって伝搬する．このとき，角周波数ωである調和波の縦波を仮定し，進行波である入射波と後退波である反射波のx方向変位を

$$u_{xI} = u_I e^{i(k_{L1}x - \omega t)}, \qquad u_{xR} = u_R e^{i(-k_{L1}x - \omega t)},$$

(4.2.1)

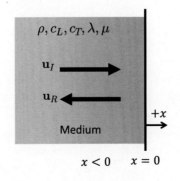

図 4.1　弾性体端面を反射する平面波

とおく．ここで，u_Iは既知の入射波の複素振幅であり，u_Rは未知の反射波の複素振幅である．また，k_Lは弾性体中を伝搬する縦波の波数（$k_L = \omega/c_L$）である．このとき，x方向垂直応力は，式(3.1.10)'より

$$\sigma_x = (\lambda + 2\mu)\frac{\partial u_x}{\partial x} = \rho c_L^2 \frac{\partial u_x}{\partial x} \tag{4.2.2}$$

と書けるので，入射波と反射波による垂直応力は，式(4.2.1)を式(4.2.2)に代入して，

$$\sigma_{xI} = \rho c_L^2 \frac{\partial u_{xI}}{\partial x} = i k_L \rho c_L^2 u_I e^{i(k_L x - \omega t)},$$
$$\sigma_{xR} = \rho c_L^2 \frac{\partial u_{xR}}{\partial x} = -i k_L \rho c_L^2 u_R e^{i(-k_L x - \omega t)}, \tag{4.2.3}$$

となる．

$x = 0$の端面において$\sigma_x = 0$の自由端である場合，

$$\sigma_x = \sigma_{xI} + \sigma_{xR} = i k_L \rho c_L^2 u_I e^{-i\omega t} - i k_L \rho c_L^2 u_R e^{-i\omega t} = 0 \ , \tag{4.2.4}$$

となるので，

$$u_R = u_I \ , \tag{4.2.5}$$

が得られ，反射波が決定する．

次に，$x = 0$の端面において変位$u_x = 0$の固定端である場合には，

$$u_x = u_{xI} + u_{xR} = 0 \qquad \text{at} \quad x = 0 \ , \tag{4.2.6}$$

より，

$$u_R = -u_I \ , \tag{4.2.7}$$

が得られる．

同様に横波を入射した場合も，自由端ではせん断応力$\tau_{xy} = 0$，固定端では変位$u_y = 0$という条件より反射波の振幅を得ることができる．

本書では，端面の変位がゼロで固体されていれば固定端，変位が解放され応力がゼロであれば自由端としたが，応力による波を基準に考えると端面の応力ゼロの場合が固定されているとも考えられるので，自由端，固定端という用語については，文献により異なる可能性があることに注意すべきである．

4.2.2 弾性体界面における反射・透過

次に，図 4.2 のように 2 つの異なる弾性体の界面を反射・透過する平面波について考える．$x < 0$ の領域を媒質 1，$x > 0$ の領域を媒質 2 とし，それぞれの材料定数を図中のように添え字で表現する．

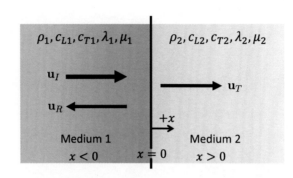

図 4.2　2 つの媒質界面に垂直入射して反射・透過する平面波

このとき，媒質 1 中から $+x$ 方向に伝搬する平面波を入射波として与えた場合，$x = 0$ 上の界面により反射波，透過波が発生し，これらの変位は複素表記を用いて以下のように書ける．

$$u_{xI} = u_I e^{i(k_{L1}x - \omega t)}, \quad u_{xR} = u_R e^{i(-k_{L1}x - \omega t)},$$
$$u_{xT} = u_T e^{i(k_{L2}x - \omega t)}. \tag{4.2.8}$$

ここで，u_I は既知の入射波の複素振幅であり，u_R，u_T は未知の反射波，透過波の複素振幅である．このとき垂直応力は式(4.2.2)より

$$\sigma_{xI} = \rho_1 c_{L1}^2 \frac{\partial u_{xI}}{\partial x} = i k_{L1} \rho_1 c_{L1}^2 u_I e^{i(k_{L1}x - \omega t)} = i\omega Z_1 u_I e^{i(k_{L1}x - \omega t)},$$

$$\sigma_{xR} = \rho_1 c_{L1}^2 \frac{\partial u_{xR}}{\partial x} = -i k_{L1} \rho_1 c_{L1}^2 u_R e^{i(-k_{L1}x - \omega t)} = -i\omega Z_1 u_R e^{i(-k_{L1}x - \omega t)},$$

$$\sigma_{xT} = \rho_2 c_{L2}^2 \frac{\partial u_{xT}}{\partial x} = i k_{L2} \rho_2 c_{L2}^2 u_T e^{i(k_{L2}x - \omega t)} = i\omega Z_2 u_T e^{i(k_{L2}x - \omega t)},$$

$$\tag{4.2.9}$$

となる．ここで $Z_{1,2}$ はそれぞれ媒質 1，2 における音響インピーダンス（$Z_1 = \rho_1 c_{L1}$，$Z_2 = \rho_2 c_{L2}$）を表す．$x = 0$ における変位と応力の連続性より，

$$u_{xI} + u_{xR} = u_{xT}, \quad \text{at} \quad x = 0,$$
$$\sigma_{xI} + \sigma_{xR} = \sigma_{xT}, \quad \text{at} \quad x = 0, \tag{4.2.10}$$

が成立している．これより未知量u_R, u_Tが決定し，

$$u_{xR} = R_u u_{xI}, \quad R_u = \frac{Z_1 - Z_2}{Z_1 + Z_2},$$

$$u_{xT} = T_u u_{xI}, \quad T_u = \frac{2Z_1}{Z_1 + Z_2}, \tag{4.2.11}$$

のように書ける．ここで R_u, T_u は入射波の変位振幅に対する比で定義した反射率および透過率である．同様に式(4.2.10)の連続条件の場合の応力式(4.2.9)は以下のように整理できる．

$$\sigma_{xR} = R_\sigma \sigma_{xI}, \quad R_\sigma = \frac{Z_2 - Z_1}{Z_1 + Z_2},$$

$$\sigma_{xT} = T_\sigma \sigma_{xI}, \quad T_\sigma = \frac{2Z_2}{Z_1 + Z_2}, \tag{4.2.12}$$

ここで R_σ, T_σ は応力比による反射率，透過率である．

最後に，エネルギ流束密度の時間平均に対する反射率，透過率を求める．式(3.4.10)より，

$$E_I = \frac{1}{2} Z_1 \omega^2 \{\mathrm{Re}(u_I u_I^*)\},$$

$$E_R = \frac{1}{2} Z_1 \omega^2 \{\mathrm{Re}(u_R u_R^*)\} = \frac{1}{2} Z_1 \omega^2 \{\mathrm{Re}(R_u u_I R_u u_I^*)\} = \frac{1}{2} Z_1 \omega^2 R_u^2 \{\mathrm{Re}(u_I u_I^*)\},$$

$$E_T = \frac{1}{2} Z_2 \omega^2 \{\mathrm{Re}(u_T u_T^*)\} = \frac{1}{2} Z_2 \omega^2 \{\mathrm{Re}(T_u u_I T_u u_I^*)\} = \frac{1}{2} Z_2 \omega^2 T_u^2 \{\mathrm{Re}(u_I u_I^*)\}, \tag{4.2.13}$$

このとき，入射波，透過波のエネルギ流束密度の時間平均が，法線が$+x$方向の面を通過するエネルギを指しているのに対し，反射波のエネルギ流束密度の時間平均は，法線方向が$-x$方向の面を通過するエネルギを指していることに注意が必要である（もし，面の向きを反対に考える場合は，正負が逆転する）．従って，

$$R_E = \frac{E_R}{E_I} = R_u^2 = \left(\frac{Z_1 - Z_2}{Z_1 + Z_2}\right)^2,$$

$$T_E = \frac{E_T}{E_I} = \frac{Z_2}{Z_1} T_u^2 = \frac{4Z_1 Z_2}{(Z_1 + Z_2)^2}, \tag{4.2.14}$$

となり，R_E, T_Eはエネルギ比による反射率，透過率である．$R_E + T_E = 1$ が成立しており，反射，透過波のエネルギが入射波のエネルギに等しいエネルギ保存則を表している．横波平面波の場合は，同様に材料定数を入れ替えるだけで各式が成立する．

式(4.2.11) – (4.2.14)のように反射率，透過率は注目している物理量によって大きく異なる．圧電トランスデューサによる超音波計測の場合には，計測波形が垂直応力やせん断応力に対応しているため応力による反射率，透過率を使うことが多いが，その慣習に従って他の計測方法で得られた波形に対し，盲目的に式(4.2.12)を使うと大きな間違いを犯すこともある．

4.2.3 中間層を反射・透過する平面波

金属材料を接着剤で接合しているような場合に，その接着層厚さが超音波の反射率や透過率に影響を及ぼすことはよく知られている．本項ではそのような中間層がある場合に対する垂直入射の反射率・透過率を求める．

図 4.3 のように 3 つの媒質が $x = 0$, $x = l$ の界面において接続されているものとする．このとき，それぞれの界面では変位の連続性およびx方向の応力の連続性が満たされているものとする．

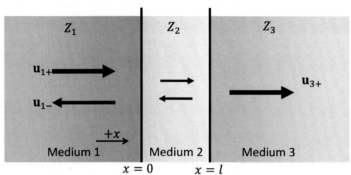

図 4.3　中間層を反射・透過する平面波

前節同様，$\pm x$方向に伝搬する縦波の平面波を考えると，媒質 1 のx方向変位は入射波と反射波に対しそれぞれ

$$
\begin{aligned}
u_{x1+} &= u_{1+} e^{i(k_{L1}x - \omega t)} , \\
u_{x1-} &= u_{1-} e^{i(-k_{L1}x - \omega t)},
\end{aligned}
\tag{4.2.15}
$$

と書ける．同様に媒質 2 中を$\pm x$方向に伝搬する波の変位は，

$$
\begin{aligned}
u_{x2+} &= u_{2+} e^{i(k_{L2}x - \omega t)} , \\
u_{x2-} &= u_{2-} e^{i(-k_{L2}x - \omega t)},
\end{aligned}
\tag{4.2.16}
$$

媒質 3 中を$+x$方向に伝搬する波の変位は，

$$
u_{x3+} = u_{3+} e^{i\{k_{L3}(x - l) - \omega t\}},
\tag{4.2.17}
$$

となる．また，x方向垂直応力は，式(4.2.9)を参考に，

$$\sigma_{x1+} = i\omega Z_1 u_{1+} e^{i(k_{L1}x-\omega t)}, \qquad \sigma_{x1-} = -i\omega Z_1 u_{1-} e^{i(-k_{L1}x-\omega t)},$$

$$\sigma_{x2+} = i\omega Z_2 u_{2+} e^{i(k_{L2}x-\omega t)}, \qquad \sigma_{x2-} = -i\omega Z_2 u_{2-} e^{i(-k_{L2}x-\omega t)}, \qquad (4.2.18)$$

$$\sigma_{x3+} = i\omega Z_3 u_{3+} e^{i\{k_{L3}(x-l)-\omega t\}},$$

となる．ここで，u_{1+}は入射波の加振条件などにより決定される既知の変位振幅であり，u_{1-}, u_{2+}, u_{2-}, u_{3+}は未知の変位振幅となっている．これらの未知量を以下の変位と応力連続性条件により求める．

$$
\begin{aligned}
u_{x1+} + u_{x1-} &= u_{x2+} + u_{x2-} && \text{at} \quad x = 0, \\
\sigma_{x1+} + \sigma_{x1-} &= \sigma_{x2+} + \sigma_{x2-} && \text{at} \quad x = 0, \\
u_{x2+} + u_{x2-} &= u_{x3+} && \text{at} \quad x = l, \\
\sigma_{x2+} + \sigma_{x2-} &= \sigma_{x3+} && \text{at} \quad x = l.
\end{aligned}
\qquad (4.2.19)
$$

このとき，以下の4式が得られる．

$$
\begin{aligned}
u_{1+} + u_{1-} &= u_{2+} + u_{2-}, \\
i\omega Z_1 u_{1+} - i\omega Z_1 u_{1-} &= i\omega Z_2 u_{2+} - i\omega Z_2 u_{2-}, \\
u_{2+} e^{ik_{L2}l} + u_{2-} e^{-ik_{L2}l} &= u_{3+}, \\
i\omega Z_2 u_{2+} e^{ik_{L2}l} - i\omega Z_2 u_{2-} e^{-ik_{L2}l} &= i\omega Z_3 u_{3+}.
\end{aligned}
\qquad (4.2.20)
$$

この連立方程式を解くため，未知量を左辺，既知量を右辺に整理すると，

$$
\begin{pmatrix}
1 & -1 & -1 & 0 \\
-Z_1 & -Z_2 & Z_2 & 0 \\
0 & e^{ik_{L2}l} & e^{-ik_{L2}l} & -1 \\
0 & Z_2 e^{ik_{L2}l} & -Z_2 e^{-ik_{L2}l} & -Z_3
\end{pmatrix}
\begin{pmatrix}
u_{1-} \\
u_{2+} \\
u_{2-} \\
u_{3+}
\end{pmatrix}
=
\begin{pmatrix}
-1 \\
-Z_1 \\
0 \\
0
\end{pmatrix}
u_{1+} , \quad (4.2.21)
$$

となる．このような連立方程式は，コンピュータを使えば数値的に容易に解くことができ，定めた材料定数Z_1, Z_2, Z_3や中間層長さl，中間層における波数k_{L2}に対して，複素変位振幅$u_{1-}, u_{2+}, u_{2-}, u_{3+}$を入射波振幅$u_{1+}$との比で求めることができる．これらの解より，式(4.2.11)–(4.2.14)に対応するような反射率や透過率も計算することができる．

　図4.4は，中間層長さを変化させたときのエネルギ基準の透過率T_Eの変化を表したものである．媒質1，媒質3の音響インピーダンスは同じ（$Z_1 = Z_3$）であるとし，様々な中間層の音響インピーダンスに対し透過率を示した．横軸は$k_{L2}l/2\pi$として正規化しており，これは中間層における波長λ_{L2}と中間層長さlの比に相当する．中間層の長さに依存して，反射・透過率が大きく変化することが分かる．すなわち，反射・透過現象は最初に当たる境界のみの影響だけでなく，その後から反射してくる反射波の影響も大きく受けていると言える．特に，ここでの解析は角周波数ωの連続波を想定しているので，$x = l$の界面からの

影響を必ず受けることになる．また，中間層がごく薄い場合（$k_{L2}l/2\pi\ (=l/\lambda) \to 0$）は，エネルギのほとんどを透過する．つまり，同じ金属材料を接合する場合には，中間の接着剤をごく薄くすることで，超音波の反射率をゼロに近くできることを意味する．また，超音波トランスデューサと金属材料間のカップリング剤をごく薄くすることで，超音波をより大きく透過させることができる．しかし，実際には，表面の凹凸による影響を受け，ここでの議論通りにいかないことは多い．

図 4.5 は，水浸探触子から水中へ超音波を入射する際のエネルギ透過率を示す．第 1 媒質を PZT（$Z_1 = 29 \times 10^6$ kg/m²s），中間層をポリスチレン（$Z_2 = 2.5 \times 10^6$ kg/m²s），第 3 媒質を水（$Z_3 = 1.5 \times 10^6$ kg/m²s）で計算した結果である．中間層長さがちょうど中間層を伝搬する縦波波長の 1/4，3/4, 5/4,…になる場合に，透過率が最大になっている．PZT を直接水に浸した場合の透過率は $l = 0$ の場合に対応し，0.2 程度であるのに対し，1/4 波長程度の中間層を挿入することにより，水中への超音波エネルギが飛躍的に大きくなりうることが分かる．一般に，水浸探触子を作る際，この理論解を参考に保護膜の材質や厚みを決定する．厳密には，無限の長さの PZT を使っているわけではなく，PZT 自身の厚み振動により励振しているため，最適な中間層厚さは 1/4 波長にちょうど合うわけではない．

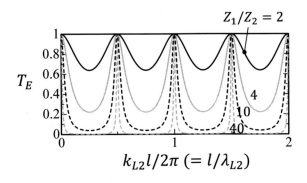

図 4.4　中間層長さとエネルギ透過率の関係

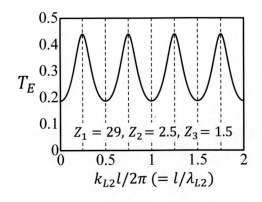

図 4.5　PZT（$Z_1 = 29 \times 10^6$ kg/m²s），ポリスチレン（$Z_2 = 2.5 \times 10^6$ kg/m²s），水（$Z_1 = 1.5 \times 10^6$ kg/m²s）の場合のエネルギ透過率

4.3　斜角入射による平面波の透過・反射・屈折

　自由境界や接合界面における反射や屈折，モード変換の他，境界に沿って伝搬するガイド波を扱う場合，4.1 節で導入した変位ポテンシャルを使うと式展開が容易になる場合が多い．以下では，変位ポテンシャルを用いて支配方程式を構成し，境界条件より斜角入射による平面波の透過・反射・屈折現象を解いていく．

4.3.1　自由境界での反射とモード変換

　4.2.1 項では自由境界や固定境界に対し，垂直に入射した場合の反射を考えた．本節では，均質一様な等方弾性体中を伝搬する平面波が，表面力（表面に作用する応力成分）ゼロの自由境界に対し斜めに入射する場合を考える．

（1）支配方程式

　図 4.6 のようなデカルト座標系において，$y = 0$ の $x-z$ 平面において表面力ゼロの境界がある半無限の均質な等方弾性体中を，平面波が単位法線ベクトル**n**の方向に伝搬して境界面で反射する場合を考える．この平面波の伝搬方向ベクトル**n**のz方向成分を 0 としている．このとき，**n**は平面波の波面の単位法線ベクトルであり，この伝搬方向に振動変位を持つ波を縦波（Longitudinal wave）といい，**n**と垂直な方向すなわち平面波の波面内に変位成分を持つ波を横波（Transverse wave, Shear wave）という．横波をz方向に変位を持つ成分とその垂直方向に変位を持つ成分に分離すると，今後の展開が行いやすく，一般にz方向（自由境界面に水平）に変位を持つ成分を SH 波（Shear Horizontal wave），その垂直方向に変位成分を持つ横波を SV 波（Shear Vertical wave）と呼んでいる．すなわち，SH 波は，z方向変位u_zのみを変位成分として持つ波動であり，縦波と SV 波は，u_x, u_yを変位成分として持つ波動である．

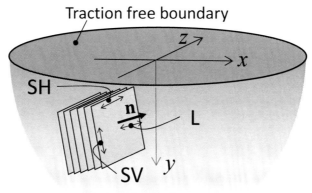

L: Longitudinal wave
SV: Shear Vertical wave
SH: Shear Horizontal wave

図 4.6　表面力ゼロの面を持つ半無限媒質中を伝搬する平面波

　平面波はz方向に無限に一様な変位分布を有すると仮定することで，$x-y$の二次元面内を伝搬する波動場の問題として扱うことができる．このとき，変位のz方向微分はすべてゼロ（$\partial/\partial z = 0$）となるので，変位ポテンシャルの関係式は式(4.1.3) － (4.1.7)より以下のようになる．

$$u_x = \frac{\partial \Phi}{\partial x} + \frac{\partial \Psi_z}{\partial y}, \quad u_y = \frac{\partial \Phi}{\partial y} - \frac{\partial \Psi_z}{\partial x}, \quad u_z = \frac{\partial \Psi_y}{\partial x} - \frac{\partial \Psi_x}{\partial y} \tag{4.3.1}$$

$$\boldsymbol{\nabla} \bullet \mathbf{B} = 0 \quad \Longrightarrow \quad \frac{\partial \Psi_x}{\partial x} + \frac{\partial \Psi_y}{\partial y} = 0 \tag{4.3.2}$$

$$\frac{\partial^2 \Phi}{\partial t^2} = c_L^2 \left(\frac{\partial^2 \Phi}{\partial x^2} + \frac{\partial^2 \Phi}{\partial y^2} \right) + f,$$
$$\frac{\partial^2 \Psi_x}{\partial t^2} = c_T^2 \left(\frac{\partial^2 \Psi_x}{\partial x^2} + \frac{\partial^2 \Psi_x}{\partial y^2} \right) + B_x, \qquad \frac{\partial^2 \Psi_y}{\partial t^2} = c_T^2 \left(\frac{\partial^2 \Psi_y}{\partial x^2} + \frac{\partial^2 \Psi_y}{\partial y^2} \right) + B_y,$$
$$\frac{\partial^2 \Psi_z}{\partial t^2} = c_T^2 \left(\frac{\partial^2 \Psi_z}{\partial x^2} + \frac{\partial^2 \Psi_z}{\partial y^2} \right) + B_z, \tag{4.3.3}$$

　また，応力と変位の関係式は，式(3.1.10)'および式(3.1.6)より

$$\sigma_x = (\lambda + 2\mu) \frac{\partial u_x}{\partial x} + \lambda \frac{\partial u_y}{\partial y} = (\lambda + 2\mu) \left(\frac{\partial u_x}{\partial x} + \frac{\partial u_y}{\partial y} \right) - 2\mu \frac{\partial u_y}{\partial y},$$
$$\sigma_y = (\lambda + 2\mu) \left(\frac{\partial u_x}{\partial x} + \frac{\partial u_y}{\partial y} \right) - 2\mu \frac{\partial u_x}{\partial x}, \qquad \sigma_z = \lambda \left(\frac{\partial u_x}{\partial x} + \frac{\partial u_y}{\partial y} \right),$$
$$\tau_{xy} = \mu \left(\frac{\partial u_y}{\partial x} + \frac{\partial u_x}{\partial y} \right), \qquad \tau_{yz} = \mu \frac{\partial u_z}{\partial y}, \qquad \tau_{zx} = \mu \frac{\partial u_z}{\partial x}, \tag{4.3.4}$$

式(4.3.1)を用いて，応力を変位ポテンシャルで表すと，

$$\sigma_x = \rho c_L^2 \left(\frac{\partial^2 \Phi}{\partial x^2} + \frac{\partial^2 \Phi}{\partial y^2} \right) - 2\rho c_T^2 \left(\frac{\partial^2 \Phi}{\partial y^2} - \frac{\partial^2 \Psi_z}{\partial x \partial y} \right),$$
$$\sigma_y = \rho c_L^2 \left(\frac{\partial^2 \Phi}{\partial x^2} + \frac{\partial^2 \Phi}{\partial y^2} \right) - 2\rho c_T^2 \left(\frac{\partial^2 \Phi}{\partial x^2} + \frac{\partial^2 \Psi_z}{\partial x \partial y} \right),$$
$$\sigma_z = \rho (c_L^2 - 2c_T^2) \left(\frac{\partial^2 \Phi}{\partial x^2} + \frac{\partial^2 \Phi}{\partial y^2} \right), \tag{4.3.5}$$
$$\tau_{xy} = \rho c_T^2 \left(2 \frac{\partial^2 \Phi}{\partial x \partial y} + \frac{\partial^2 \Psi_z}{\partial y^2} - \frac{\partial^2 \Psi_z}{\partial x^2} \right),$$
$$\tau_{yz} = \rho c_T^2 \left(\frac{\partial^2 \Psi_y}{\partial x \partial y} - \frac{\partial^2 \Psi_x}{\partial y^2} \right), \qquad \tau_{zx} = \rho c_T^2 \left(\frac{\partial^2 \Psi_y}{\partial^2 x} - \frac{\partial^2 \Psi_x}{\partial x \partial y} \right),$$

ここで，ラーメ定数は，$\lambda = \rho(c_L^2 - 2c_T^2)$，$\mu = \rho c_T^2$ を用いて，縦波音速c_Lと横波音速c_T，

密度ρで表した．式(4.3.1)の変位と変位ポテンシャルの関係式および式(4.3.5)の応力と変位ポテンシャルの関係式より，u_x, u_yおよび$\sigma_x, \sigma_y, \sigma_z, \tau_{xy}$は$\Phi, \Psi_z$にのみ関連し，$u_z, \tau_{yz}, \tau_{zx}$は，$\Psi_x, \Psi_y$のみの関数であることから，$u_x, u_y$および$\sigma_x, \sigma_y, \sigma_z, \tau_{xy}$のグループと$u_z, \tau_{yz}, \tau_{zx}$のグループはそれぞれ独立し，式(4.3.6)のような境界面における反射やモード変換によってカップリングすることはないことが分かる．

図 4.6 のような等方弾性体表面（$y = 0$）における境界条件式は，

$$\sigma_y = 0, \qquad \tau_{xy} = 0, \qquad \tau_{yz} = 0, \qquad\qquad \text{at} \quad y = 0 \qquad (4.3.6)$$

となる。

（2）SH 波の斜角入射による反射

はじめに最も簡単な例として，$x - y$面内を伝搬し，z方向に変位成分を持つ横波（SH 波）について考える．図 4.7 は，図 4.6 から$x - y$面を切り取り，平面 SH 波を表したものである．変位成分としてu_zのみを有しており，$u_x = u_y = 0$であるので，式(4.3.1)，(4.3.2)より

$$u_z = \frac{\partial \Psi_y}{\partial x} - \frac{\partial \Psi_x}{\partial y},$$

$$\frac{\partial \Phi}{\partial x} + \frac{\partial \Psi_z}{\partial y} = 0, \qquad \frac{\partial \Phi}{\partial y} - \frac{\partial \Psi_z}{\partial x} = 0, \qquad \frac{\partial \Psi_x}{\partial x} + \frac{\partial \Psi_y}{\partial y} = 0, \qquad (4.3.7)$$

となる．式(4.3.7)の第 2 式，第 3 式をx, yで微分して和，差を取ると，

$$\frac{\partial^2 \Phi}{\partial x^2} + \frac{\partial^2 \Phi}{\partial y^2} = 0, \qquad \frac{\partial^2 \Psi_z}{\partial x^2} + \frac{\partial^2 \Psi_z}{\partial y^2} = 0, \qquad (4.3.8)$$

となるので，式(4.3.3)の第 1 式，第 4 式はもはや波動を表すものではなく，Φ, Ψ_zに関する式は無視できる．式(4.3.3)の第 2 式，第 3 式のみが支配方程式であり，物体力項を省略すると，Ψ_x, Ψ_yに関する波動方程式として以下のように得られる．

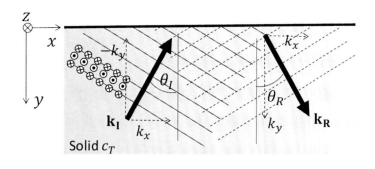

図 4.7　平面 SH 波の自由境界における反射

$$\frac{\partial^2 \Psi_x}{\partial t^2} = c_T^2 \left(\frac{\partial^2 \Psi_x}{\partial x^2} + \frac{\partial^2 \Psi_x}{\partial y^2} \right), \qquad \frac{\partial^2 \Psi_y}{\partial t^2} = c_T^2 \left(\frac{\partial^2 \Psi_y}{\partial x^2} + \frac{\partial^2 \Psi_y}{\partial y^2} \right). \qquad (4.3.9)$$

ここで，表面における境界条件式(4.3.6)のうちΨ_x，Ψ_yに関する式は，

$$\tau_{yz} = 0 \quad \Longrightarrow \quad \frac{\partial^2 \Psi_y}{\partial x \partial y} - \frac{\partial^2 \Psi_x}{\partial y^2} = 0 \qquad \text{at} \quad y = 0 \ , \qquad (4.3.10)$$

となり，この境界条件式の元，支配方程式(4.3.9)を解けばよいことになる．式(4.3.9)は空間x, yおよび時間tに関する偏微分方程式なので，3.2.3 項と同様に変数分離により

$$\Psi_x(x, y, t) = X(x) Y(y) T(t) \ , \qquad (4.3.11)$$

とおいて解いていく．このとき，$+x$方向に伝搬する波を仮定すると 3.2.3 項と同様に，$X(x) = e^{ik_x x}$，$T(t) = e^{-i\omega t}$と求められ，

$$\Psi_x(x, y, t) = Y(y) \exp\{i(k_x x - \omega t)\} \ , \qquad (4.3.12)$$

と書くことができる．式(4.3.9)の第 1 式に代入すると，以下の微分方程式が与えられる．

$$\frac{d^2 Y}{dy^2} + k_{Ty}^2 Y = 0, \qquad k_{Ty}^2 = \left(\frac{\omega}{c_T} \right)^2 - k_{Tx}^2 \ . \qquad (4.3.13)$$

上式の一般解は，$Y = C_1 e^{-ik_{Ty}y} + C_2 e^{ik_{Ty}y}$となるので，

$$\Psi_x(x, y, t) = C_1 \exp\{i(k_{Tx}x - k_{Ty}y - \omega t)\} + C_2 \exp\{i(k_{Tx}x + k_{Ty}y - \omega t)\}, \qquad (4.3.14)$$

と書ける．ポテンシャル関数Ψ_yについても，同じ SH 波を表すことから位相情報は同じであり，

$$\Psi_y(x, y, t) = D_1 \exp\{i(k_{Tx}x - k_{Ty}y - \omega t)\} + D_2 \exp\{i(k_{Tx}x + k_{Ty}y - \omega t)\}, \qquad (4.3.15)$$

となる．式(4.3.7)の第 4 式（ヘルムホルツ分解の拘束条件）より

$$ik_{Tx}C_1 \exp\{i(k_{Tx}x - k_{Ty}y - \omega t)\} + ik_{Tx}C_2 \exp\{i(k_{Tx}x + k_{Ty}y - \omega t)\}$$
$$-ik_{Ty}D_1 \exp\{i(k_{Tx}x - k_{Ty}y - \omega t)\} + ik_{Ty}D_2 \exp\{i(k_{Tx}x + k_{Ty}y - \omega t)\} = 0 \ , \qquad (4.3.16)$$

となり，整理すると

$$(k_{Tx}C_1 - k_{Ty}D_1) \exp\{i(k_{Tx}x - k_{Ty}y - \omega t)\} +$$
$$(k_{Tx}C_2 + k_{Ty}D_2) \exp\{i(k_{Tx}x + k_{Ty}y - \omega t)\} = 0, \qquad (4.3.17)$$

となる．この式があらゆるx, y, tに対し成立するためには，

$$k_{Tx}C_1 = k_{Ty}D_1, \qquad k_{Tx}C_2 = -k_{Ty}D_2 \ , \tag{4.3.18}$$

となる必要がある．

つぎに，式(4.3.10)の境界条件より

$$k_{Tx}k_{Ty}(D_1 - D_2)e^{i(k_{Tx}x-\omega t)} + k_{Ty}^2(C_1 + C_2)e^{i(k_{Tx}x-\omega t)} = 0 \ , \tag{4.3.19}$$

となり，この式があらゆるx, tに対し成立するためには，

$$k_{Ty}^2(C_1 + C_2) + k_{Tx}k_{Ty}(D_1 - D_2) = 0 \ , \tag{4.3.20}$$

である必要がある．式(4.3.18)と式(4.3.20)より，

$$(k_{Tx}^2 + k_{Ty}^2)(C_1 + C_2) = 0 \ . \tag{4.3.21}$$

$\omega \neq 0$とすると，式(4.3.13)の第2式より$k_{Tx}^2 + k_{Ty}^2 = \left(\frac{\omega}{c_T}\right)^2 \neq 0$なので

$$C_2 = -C_1, \qquad D_1 = D_2 = \frac{k_{Tx}}{k_{Ty}}C_1, \tag{4.3.22}$$

のように得られる．すなわち変位は，

$$
\begin{aligned}
u_z &= ik_{Tx}D_1 e^{i(k_{Tx}x-k_{Ty}y-\omega t)} + ik_{Tx}D_2 e^{i(k_{Tx}x+k_{Ty}t-\omega t)} \\
&\quad + ik_{Ty}C_1 e^{i(k_{Tx}x-k_{Ty}y-\omega t)} - ik_{Ty}C_2 e^{i(k_{Tx}x+k_{Ty}t-\omega t)} \\
&= i\left(\frac{k_{Tx}^2+k_{Ty}^2}{k_{Ty}}\right)C_1 e^{i(k_{Tx}x-k_{Ty}y-\omega t)} + i\left(\frac{k_{Tx}^2+k_{Ty}^2}{k_{Ty}}\right)C_1 e^{i(k_{Tx}x+k_{Ty}y-\omega t)} \\
&= A_1 e^{i(k_{Tx}x-k_{Ty}y-\omega t)} + A_1 e^{i(k_{Tx}x+k_{Ty}y-\omega t)},
\end{aligned}
$$
$$A_1 = i\left(\frac{k_{Tx}^2 + k_{Ty}^2}{k_{Ty}}\right)C_1, \tag{4.3.23}$$

となる．この式は，第1項が，$y = 0$の境界面に近づくように伝搬する波動を表しており，第2項が離れるような波動を表している．すなわち，$u_z = A_1 e^{i(k_{Tx}x-k_{Ty}y-\omega t)}$の平面 SH 波が境界に向かって入射する場合，$A_1 e^{i(k_{Tx}x+k_{Ty}y-\omega t)}$が反射波として存在することを示している．入射波の伝搬方向を示す波数ベクトル（3.3 節参照）は，$\mathbf{k}_\mathrm{I} = (k_{Tx} \ \ -k_{Ty})^T$であり，反射波の波数ベクトルは$\mathbf{k}_\mathrm{R} = (k_{Tx} \ \ k_{Ty})^T$であるので，入射角$\theta_I$と反射角$\theta_R$の間には，

$$\theta_I = \theta_R = \tan^{-1}\left(\frac{k_{Ty}}{k_{Tx}}\right) \ , \tag{4.3.24}$$

が成立する．また，波数ベクトル$\mathbf{k}_\mathrm{I}, \mathbf{k}_\mathrm{R}$の長さは

$$k_T = \sqrt{k_{Tx}^2 + k_{Ty}^2} = \omega/c_T \ , \tag{4.3.25}$$

となっていることから，式(4.3.23)は横波音速で伝搬する SH 波が式(4.3.24)で表される入射
角および反射角で伝搬する平面波であり，入射波，反射波の振幅は等しいと言える．
$k_{Tx} = 0$の場合には，$k_{Ty}^2 = \left(\frac{\omega}{c_T}\right)^2$となり，境界面に垂直に入射し，反射する波動場を表し，
$k_{Ty} = 0$の場合には，$k_{Tx}^2 = \left(\frac{\omega}{c_T}\right)^2$となり，境界面の影響を受けずに$x$方向に伝搬する SH 波
を表している．

SH 波の場合には変位成分が１つであるので，入射波変位として

$$u_{zI} = U_I \exp\{i(k_{Tx}x - k_{Ty}y - \omega t)\}, \tag{4.3.26}$$

とし，$y = 0$ の境界面における表面力がゼロになるような境界条件から反射波変位を表す
ことで，全く同じ結果を求めることができる．

一般に，SH 波は境界面におけるモード変換がないので，扱いやすいことが多い．

（３）平面ひずみの場合

次に，縦波や SV 波のように，$x-y$ 面内の振動が平面波として伝搬し，境界 $y = 0$ で
反射やモード変換をする場合を考える．すなわち $u_z = 0$ とおいて，式(4.3.1),(4.3.2)より

$$u_x = \frac{\partial \Phi}{\partial x} + \frac{\partial \Psi_z}{\partial y}, \qquad u_y = \frac{\partial \Phi}{\partial y} - \frac{\partial \Psi_z}{\partial x} \ ,$$
$$\frac{\partial \Psi_y}{\partial x} - \frac{\partial \Psi_x}{\partial y} = 0 \ , \qquad \frac{\partial \Psi_x}{\partial x} + \frac{\partial \Psi_y}{\partial y} = 0 \ , \tag{4.3.27}$$

第3式，第4式から$\frac{\partial^2 \Psi_x}{\partial x^2} + \frac{\partial^2 \Psi_x}{\partial y^2} = \frac{\partial^2 \Psi_y}{\partial x^2} + \frac{\partial^2 \Psi_y}{\partial y^2} = 0$となるので，波動方程式(4.3.3)の第1式と
第4式のみが残る．物体力を無視すると，

$$\frac{\partial^2 \Phi}{\partial t^2} = c_L^2 \left(\frac{\partial^2 \Phi}{\partial x^2} + \frac{\partial^2 \Phi}{\partial y^2}\right), \qquad \frac{\partial^2 \Psi_z}{\partial t^2} = c_T^2 \left(\frac{\partial^2 \Psi_z}{\partial x^2} + \frac{\partial^2 \Psi_z}{\partial y^2}\right), \tag{4.3.28}$$

となり，第1式は，音速c_Lで伝搬する縦波を表しており，第2式は音速c_Tで伝搬する横波
の波動方程式を示している．また，境界条件は，$y = 0$面における表面力がゼロであること
から，

$$\sigma_y = 0 \ \Rightarrow c_L^2 \left(\frac{\partial^2 \Phi}{\partial x^2} + \frac{\partial^2 \Phi}{\partial y^2}\right) - 2c_T^2 \left(\frac{\partial^2 \Phi}{\partial x^2} + \frac{\partial^2 \Psi_z}{\partial x \partial y}\right) = 0 \quad \text{at} \quad y = 0,$$
$$\tau_{xy} = 0 \Rightarrow 2\frac{\partial^2 \Phi}{\partial x \partial y} + \frac{\partial^2 \Psi_z}{\partial y^2} - \frac{\partial^2 \Psi_z}{\partial x^2} = 0 \qquad \text{at} \quad y = 0, \tag{4.3.29}$$

となる．以上の条件より，変位ポテンシャルΦ, Ψ_zを求める．SH 波の場合と同様に，変数分

離を用いると，$+x$に位相が進行するときの変位ポテンシャルΦは

$$\Phi = C_1 \exp\{i(k_{Lx}x - k_{Ly}y - \omega t)\} + C_2 \exp\{i(k_{Lx}x + k_{Ly}y - \omega t)\} \ , \tag{4.3.30}$$

ただし，

$$k_{Lx}^2 + k_{Ly}^2 = k_L^2, \qquad k_L = \omega/c_L \ , \tag{4.3.31}$$

となる．これは，波数ベクトルが$(k_{Lx} \ {-k_{Ly}} \ 0)^T$である平面縦波と，$(k_{Lx} \ k_{Ly} \ 0)^T$である平面縦波を表している．また，$\Psi_z$は

$$\Psi_z = D_1 \exp\{i(k_{Tx}x - k_{Ty}y - \omega t)\} + D_2 \exp\{i(k_{Tx}x + k_{Ty}y - \omega t)\}, \tag{4.3.32}$$

ただし，

$$k_{Tx}^2 + k_{Ty}^2 = k_T^2, \qquad k_T = \omega/c_T \ , \tag{4.3.33}$$

となり，波数ベクトルが$(k_{Tx} \ {-k_{Ty}} \ 0)^T$である平面 SV 波と，$(k_{Tx} \ k_{Ty} \ 0)^T$である平面 SV 波を表す．式(4.3.30)および式(4.3.32)を境界条件式(4.3.29)に代入して整理すると，

$$\sigma_y = 0 \Rightarrow (-\omega^2 + 2c_T^2 k_{Lx}^2)(C_1 + C_2)e^{i(k_{Lx}x - \omega t)} - 2c_T^2 k_{Tx} k_{Ty}(D_1 - D_2)e^{i(k_{Tx}x - \omega t)} = 0,$$
$$\tau_{xy} = 0 \Rightarrow 2k_{Lx} k_{Ly}(C_1 - C_2)e^{i(k_{Lx}x - \omega t)} + (k_{Tx}^2 - k_{Ty}^2)(D_1 + D_2)e^{i(k_{Tx}x - \omega t)} = 0, \tag{4.3.34}$$

となる．あらゆるx, t において成立するためには

$$k_{Lx} = k_{Tx} \ , \tag{4.3.35}$$

である必要がある．ここで，波数と入射角，反射角の関係を考える．縦波に関する波数k_L, k_{Lx}, k_{Ly}は，式(4.3.31)の関係があるので，図 4.8 のように図示され，角度θ_Lを導入すると，

$$k_{Lx} = k_L \sin\theta_L, \quad k_{Ly} = k_L \cos\theta_L, \tag{4.3.36}$$

となる．また，横波に関する波数k_T, k_{Tx}, k_{Ty}は，角度θ_Tを導入すると

$$k_{Tx} = k_T \sin\theta_T, \quad k_{Ty} = k_T \cos\theta_T \ , \tag{4.3.37}$$

となっている．式(4.3.35)－式(4.3.37)より

$$k_L \sin\theta_L = k_T \sin\theta_T \ \Rightarrow \ \frac{\sin\theta_L}{\sin\theta_T} = \frac{k_T}{k_L} = \frac{c_L}{c_T} \ , \tag{4.3.38}$$

というスネルの法則が得られる．式(4.3.35)−(4.3.37)の関係を式(4.3.34)に代入して整理すると，

$$(C_1 + C_2)\cos2\theta_T + (D_1 - D_2)\sin2\theta_T = 0 \ ,$$
$$(C_1 - C_2)\sin2\theta_L - \alpha^2(D_1 + D_2)\cos2\theta_T = 0 \ , \qquad (4.3.39)$$
$$\alpha = k_T/k_L = c_L/c_T.$$

式(4.3.30)および式(4.3.32)から，境界面$y = 0$に近づく入射波の項は，係数がC_1, D_1の第1項であり，境界からの反射波を示す項は，係数がC_2, D_2の第2項である．すなわち入射波C_1, D_1が決定すれば，式(4.3.39)の2式を解くことによって反射波の係数C_2, D_2を求めることができる．

たとえば入射波が縦波のみの場合，$D_1 = 0$として，

$$\frac{C_2}{C_1} = \frac{\sin2\theta_L\sin2\theta_T - \alpha^2\cos^2 2\theta_T}{\sin2\theta_L\sin2\theta_T + \alpha^2\cos^2 2\theta_T} \ , \qquad (4.3.40)$$

$$\frac{D_2}{C_1} = \frac{2\sin2\theta_L\cos2\theta_T}{\sin2\theta_L\sin2\theta_T + \alpha^2\cos^2 2\theta_T} \ , \qquad (4.3.41)$$

のように反射波の係数が与えられる．また，入射波がSV波のみの場合，$C_1 = 0$として，

$$\frac{C_2}{D_1} = \frac{-2\alpha^2\cos2\theta_T\sin2\theta_T}{\sin2\theta_L\sin2\theta_T + \alpha^2\cos^2 2\theta_T} \ , \qquad (4.3.42)$$

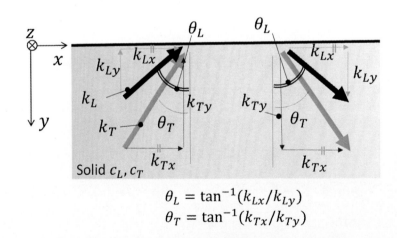

$$\theta_L = \tan^{-1}(k_{Lx}/k_{Ly})$$
$$\theta_T = \tan^{-1}(k_{Tx}/k_{Ty})$$

図4.8　縦波，SV波の自由境界における反射

$$\frac{D_2}{D_1} = \frac{\sin2\theta_L\sin2\theta_T - \alpha^2\cos^2 2\theta_T}{\sin2\theta_L\sin2\theta_T + \alpha^2\cos^2 2\theta_T}, \tag{4.3.43}$$

となる．これらの反射係数比を，横軸を入射角として図示すると，図 4.9 のように示される．(a)は縦波を入射波とした場合の反射係数比C_2/C_1とD_2/C_1である．対象物のポアソン比を$\nu = 0.3$として，$\alpha^2 = 2(1-\nu)/(1-2\nu)$を式(4.3.40)−(4.3.43)に代入した．縦波入射の場合には，入射角θ_Lの値が与えられ，式(4.3.38)より SV 波の反射角$\theta_T = \arcsin(\sin\theta_L/\alpha)$が与えられる．横波入射の場合には，入射角$\theta_T$の値が与えられ，同様に式(4.3.38)より縦波反射角$\theta_L = \arcsin(\alpha\sin\theta_T)$が得られる．$\alpha = c_L/c_T$であるので，常に$\alpha > 1$であり，縦波入射の場合には常に縦波反射角$\theta_L$，SV 波反射角$\theta_T$が存在する．しかし，SV 波入射の場合には，縦波反射角θ_Lが得られないことがある．図 4.9 (b)の場合（$\nu = 0.3$），臨界角$\theta_C = 32.3^o$となり，それ以上の入射角では，反射係数が上式(4.3.42), (4.3.43)では得られない．

式(4.3.31)より，

$$k_{Ly}^2 = k_L^2 - k_{Lx}^2, \tag{4.3.44}$$

となり，式(4.3.35), (4.3.37)から

$$k_{Ly}^2 = k_L^2 - k_{Tx}^2 = k_L^2 - k_T^2\sin^2\theta_T = k_L^2(1 - \alpha^2\sin^2\theta_T). \tag{4.3.45}$$

$\theta_T > \theta_C (= \arcsin(1/\alpha))$の場合には，式(4.3.45)が負になり，$k_{Ly}$は純虚数となる．$\overline{k_{Ly}}$を実数値として$k_{Ly} = \pm i\overline{k_{Ly}}$とおくと，式(4.3.30)は

$$\Phi = C_1 c^{-\overline{k_{Ly}}y}\exp\{i(k_{Lx}x - \omega t)\} + C_2 e^{+\overline{k_{Ly}}y}\exp\{i(k_{Lx}x - \omega t)\}, \tag{4.3.46}$$

となる．このとき，$y \to +\infty$を考えると，式が発散することから，$C_2 = 0$としなくてはならない．つまり，臨界角θ_Cを超える角度で SV 波を境界面に入射すると，

$$\Phi = C_1 e^{-\overline{k_{Ly}}y}\exp\{i(k_{Lx}x - \omega t)\} \qquad \overline{k_{Ly}} \geq 0,$$
$$\Psi_z = D_1\exp\{i(k_{Tx}x - k_{Ty}y - \omega t)\} + D_2\exp\{i(k_{Tx}x + k_{Ty}y - \omega t)\}, \tag{4.3.47}$$

となる．縦波成分は，式(4.3.47)第 1 式に示すように，境界面に沿って伝搬し，境界面から離れるほど指数関数的に小さくなる変位分布を示す．また，それぞれの係数は，同様に入射 SV 波の係数の比（複素数）$C_1/D_1, D_2/D_1$として，境界条件式(4.3.34)から求めることができる．

斜角探触子を用いた非破壊検査において，SV 波を境界表面に臨界角で入射し，モード変換した縦波が現れることがしばしばみられる．たとえば，図 4.10 のように斜角探触子によって縦波をある角度（臨界角）で入射すると，表面にクリーピング波（Creeping wave）と

かラテラル波（Lateral wave）と呼ばれる縦波が伝搬する（異種材料の界面における屈折は次項で扱う）．この時，同時に SV 波が材料中に伝搬し，裏面での反射時に，裏面に沿って伝搬する縦波が発生する．これは，SV 波がちょうど臨界角θ_cを超えるためであり，この裏面を伝搬する縦波を非破壊検査の分野では二次クリーピング波と呼んでいる．この二次クリーピング波は，裏面の傷から反射波を発生させるため，裏面傷の検出に利用されることもある．

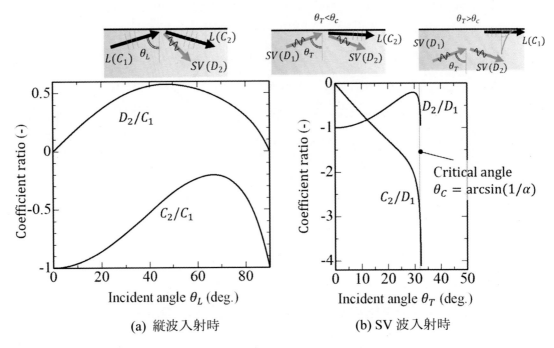

(a) 縦波入射時　　　　　　　　(b) SV 波入射時

図 4.9　入射角による反射係数比の変化

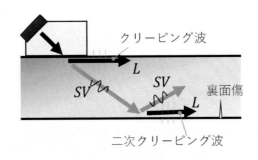

図 4.10　SV 波により発生する裏面を伝搬する二次クリーピング波

4.3.2　異なる材料の界面を反射・透過する平面波

（1）SH 波の場合

図 4.11 に示すように$y > 0$の領域 I（密度ρ^I, 横波速度c_T^I）から，$y < 0$の領域 II（密度ρ^{II}, 横波速度c_T^{II}）に SH 波が界面に対し入射角θ^Iで入射する場合を考える．変位成分は紙面（x-y面）に垂直なz方向成分のみ（$u_x = u_y = 0$）であり，z方向にはすべての変数および材料は

一様であるとする $(\partial/\partial z = 0)$. このとき, 変位ポテンシャルを用いた支配方程式は式(4.3.9)であり, 再掲すると

$$\frac{\partial^2 \Psi_x}{\partial t^2} = c_T^2 \left(\frac{\partial^2 \Psi_x}{\partial x^2} + \frac{\partial^2 \Psi_x}{\partial y^2}\right), \qquad \frac{\partial^2 \Psi_y}{\partial t^2} = c_T^2 \left(\frac{\partial^2 \Psi_y}{\partial x^2} + \frac{\partial^2 \Psi_y}{\partial y^2}\right), \quad (4.3.48)$$

となっている. また, 関係する変位および応力のポテンシャル表記は式(4.3.1), (4.3.5)から

$$u_z = \frac{\partial \Psi_y}{\partial x} - \frac{\partial \Psi_x}{\partial y}, \qquad \tau_{yz} = \rho c_T^2 \left(\frac{\partial^2 \Psi_y}{\partial x \partial y} - \frac{\partial^2 \Psi_x}{\partial y^2}\right), \tag{4.3.49}$$

である. 式(4.3.11)−(4.3.15)に示した通り, 関連する変位ポテンシャルΨ_x, Ψ_yは

$$\Psi_x = C_1 \exp\{i(k_{Tx}x - k_{Ty}y - \omega t)\} + C_2 \exp\{i(k_{Tx}x + k_{Ty}y - \omega t)\},$$
$$\Psi_y = D_1 \exp\{i(k_{Tx}x - k_{Ty}y - \omega t)\} + D_2 \exp\{i(k_{Tx}x + k_{Ty}y - \omega t)\},$$
$$\tag{4.3.50}$$

となる. ここで, 領域 I, II に関するパラメータに対し, それぞれI, IIで表すとすると, 領域 I における変位ポテンシャルは,

$$\Psi_x^I = C_1^I \exp\{i(k_{Tx}^I x - k_{Ty}^I y - \omega t)\} + C_2^I \exp\{i(k_{Tx}^I x + k_{Ty}^I y - \omega t)\},$$
$$\Psi_y^I = D_1^I \exp\{i(k_{Tx}^I x - k_{Ty}^I y - \omega t)\} + D_2^I \exp\{i(k_{Tx}^I x + k_{Ty}^I y - \omega t)\},$$
$$\tag{4.3.51}$$

となり, それぞれ第1項は, 界面に近づく方向に伝搬する ($-y$方向に伝搬する) 入射波であり, 第2項は界面から遠ざかる ($+y$方向に伝搬する) 反射波を表している. 領域 II における変位ポテンシャルは, 界面から遠ざかる ($-y$方向に伝搬する) 透過波のみなので,

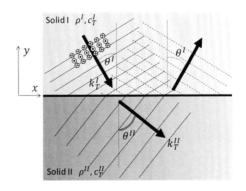

図 4.11　異なる材料の界面における SH 波の反射・屈折

$$\Psi_x^{II} = C_1^{II} \exp\{i(k_{Tx}^{II}x - k_{Ty}^{II}y - \omega t)\},$$
$$\Psi_y^{II} = D_1^{II} \exp\{i(k_{Tx}^{II}x - k_{Ty}^{II}y - \omega t)\}, \tag{4.3.52}$$

となる．界面における変位と応力の連続性を表す境界条件式は以下のように書ける．

$$u_z^I = u_z^{II}, \quad \tau_{yz}^I = \tau_{yz}^{II} \qquad \text{at} \qquad y = 0 \quad , \tag{4.3.53}$$

また，ヘルムホルツ分解の拘束条件式(4.3.18)は以下のように書ける．

$$k_{Tx}^I C_1^I = k_{Ty}^I D_1^I, \quad k_{Tx}^I C_2^I = -k_{Ty}^I D_2^I, \quad k_{Tx}^{II} C_1^{II} = k_{Ty}^{II} D_1^{II}, \tag{4.3.54}$$

式(4.3.51),(4.3.52)の変位ポテンシャルを式(4.3.49)に代入して，式(4.3.53)の境界条件式と式(4.3.54)の拘束条件式の 5 式を用いて，係数$C_1^I, C_2^I, D_1^I, D_2^I, C_2^{II}, D_1^{II}$を求める．変位の連続性，式(4.3.53)の第 1 式より

$$ik_{Tx}^I D_1^I e^{i(k_{Tx}^I x - \omega t)} + ik_{Tx}^I D_2^I e^{i(k_{Tx}^I x - \omega t)} + ik_{Ty}^I C_1^I e^{i(k_{Tx}^I x - \omega t)} - ik_{Ty}^I C_2^I e^{i(k_{Tx}^I x - \omega t)}$$

$$= ik_{Tx}^{II} D_1^{II} e^{i(k_{Tx}^{II} x - \omega t)} + ik_{Ty}^{II} C_1^{II} e^{i(k_{Tx}^{II} x - \omega t)}, \tag{4.3.55}$$

となり，あらゆるxで成立するための必要条件として，

$$k_{Tx}^I = k_{Tx}^{II} \quad , \tag{4.3.56}$$

が成立する．図 4.11 に示すように入射角・反射角をθ^I，屈折角をθ^{II}とすると，図 4.7 の場合と同様に，

$$k_{Tx}^I = k_T^I \sin\theta^I, \ k_T^I = \omega/c_T^I, \ k_{Tx}^{II} = k_T^{II} \sin\theta^{II}, \ k_T^{II} = \omega/c_T^{II}, \tag{4.3.57}$$

となっているので，式(4.3.56)は

$$k_T^I \sin\theta^I = k_T^{II} \sin\theta^{II} \quad \Leftrightarrow \quad c_T^{II}/c_T^I = \sin\theta^{II} / \sin\theta^I \quad , \tag{4.3.58}$$

のようなスネルの法則であることが分かる．このとき，式(4.3.55)は

$$k_{Ty}^I(C_1^I - C_2^I) + k_{Tx}^I(D_1^I + D_2^I) = k_{Ty}^{II} C_1^{II} + k_{Tx}^{II} D_1^{II} \quad , \tag{4.3.59}$$

となる．同様に応力の連続性を表す式(4.3.53)の第 2 式より，

$$\rho^I c_T^{I\,2} \left[k_{Ty}^{I\,2}(C_1^I + C_2^I) + k_{Tx}^I k_{Ty}^I(D_1^I - D_2^I) \right] = \rho^{II} c_T^{II\,2} \left[k_{Ty}^{II\,2} C_1^{II} + k_{Tx}^{II} k_{Ty}^{II} D_1^{II} \right]$$

$$\tag{4.3.60}$$

となる．式(4.3.59)と式(4.3.60)に式(4.3.54)を代入すると，

$$k_{Ty}^{II} k_T^2 (C_1^I - C_2^I) = k_{Ty}^I k_T^{II\,2} C_1^{II}, \quad \rho^I (C_1^I + C_2^I) = \rho^{II} C_1^{II} \tag{4.3.61}$$

となる．音響インピーダンス $Z^I = \rho^I c_T^I$, $Z^{II} = \rho^{II} c_T^{II}$ を導入し，$k_{Ty}^I = k_T \cos\theta_I$, $k_{Ty}^{II} = k_T \cos\theta^{II}$ の関係を用いると，振幅係数比

$$\frac{C_2^I}{C_1^I} = -\frac{Z^I \cos\theta^I - Z^{II} \cos\theta^{II}}{Z^I \cos\theta^I + Z^{II} \cos\theta^{II}}, \quad \frac{C_1^{II}}{C_1} = \frac{\rho^I}{\rho^{II}} \frac{2Z^{II} \cos\theta^{II}}{Z^I \cos\theta^I + Z^{II} \cos\theta^{II}}, \tag{4.3.62}$$

が得られる．

ここで式(4.3.49)の第1式より変位を求めると，入射波の変位振幅は $ik_{Ty}^I C_1^I + ik_{Tx}^I D_1^I$ であり，反射波，透過波の変位振幅はそれぞれ，$-ik_{Ty}^I C_2^I + ik_{Tx}^I D_2^I$, $ik_{Ty}^{II} C_1^{II} + ik_{Tx}^{II} D_1^{II}$ であるので，変位による反射率および透過率は

$$R_u = \frac{-ik_{Ty}^I C_2^I + ik_{Tx}^I D_2^I}{ik_{Ty}^I C_1^I + ik_{Tx}^I D_1^I} = -\frac{C_2^I}{C_1^I} = \frac{Z^I \cos\theta^I - Z^{II} \cos\theta^{II}}{Z^I \cos\theta^I + Z^{II} \cos\theta^{II}},$$

$$T_u = \frac{ik_{Ty}^{II} C_1^{II} + ik_{Tx}^{II} D_1^{II}}{ik_{Ty}^I C_1^I + ik_{Tx}^I D_1^I} = \frac{k_{Ty}^I k_T^{II\,2}}{k_{Ty}^{II} k_T^{I\,2}} \frac{C_1^{II}}{C_1^I} = \frac{2Z^I \cos\theta^I}{Z^I \cos\theta^I + Z^{II} \cos\theta^{II}}, \tag{4.3.63}$$

となる。

ここでは，変位ポテンシャルを用いて，SH波の斜め入射の場合の反射・屈折を議論したが，SH波の場合変位成分が u_z のみなので，領域 I における変位を

$$u_z^I = A^I \exp\{i(k_{Tx}^I x - k_{Ty}^I y - \omega t)\} + B^I \exp\{i(k_{Tx}^I x + k_{Ty}^I y - \omega t)\} \tag{4.3.64}$$

とおき，領域 II における変位を

$$u_z^{II} = A^{II} \exp\{i(k_{Tx}^{II} x - k_{Ty}^{II} y - \omega t)\}, \tag{4.3.65}$$

とおくと，変位ポテンシャルを用いなくても，境界条件式(4.3.53)から係数比 B^I/A^I, A^{II}/A^I を算出することができる．これらの係数比は，式(4.3.63)の変位に基づく反射，透過係数なので，$R_u = B^I/A^I$, $T_u = A^{II}/A^I$ となる．

（2）平面ひずみの場合

図4.12に示すように $y > 0$ の領域 I（密度 ρ^I, 縦波速度 c_L^I, 横波速度 c_T^I）から，$y < 0$ の領域 II（密度 ρ^{II}, 縦波速度 c_L^{II}, 横波速度 c_T^{II}）に $x-y$ 面内に振動する縦波または SV 波が界面に対し入射角 θ^I で入射する場合を考える．変位成分は x, y 方向成分のみ（$u_z = 0$）であり，z 方向にはすべての変数および材料は一様であるとする（$\partial/\partial z = 0$）．

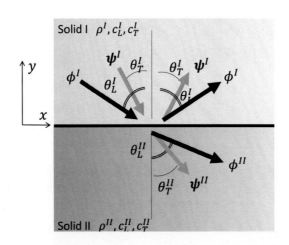

図4.12　異なる材料の界面における縦波，SV波の反射・屈折

このとき，変位ポテンシャルを用いた支配方程式は式(4.3.28)であり，再掲すると

$$\frac{\partial^2 \Phi}{\partial t^2} = c_L^2 \left(\frac{\partial^2 \Phi}{\partial x^2} + \frac{\partial^2 \Phi}{\partial y^2} \right), \quad \frac{\partial^2 \Psi_z}{\partial t^2} = c_T^2 \left(\frac{\partial^2 \Psi_z}{\partial x^2} + \frac{\partial^2 \Psi_z}{\partial y^2} \right), \tag{4.3.66}$$

である．また，関係する変位のポテンシャル表記は式(4.3.1)から

$$u_x = \frac{\partial \Phi}{\partial x} + \frac{\partial \Psi_z}{\partial y}, \qquad u_y = \frac{\partial \Phi}{\partial y} - \frac{\partial \Psi_z}{\partial x}, \tag{4.3.67}$$

また関係する応力は，式(4.3.5)から

$$\sigma_y = \rho c_L^2 \left(\frac{\partial^2 \Phi}{\partial x^2} + \frac{\partial^2 \Phi}{\partial y^2} \right) - 2\rho c_T^2 \left(\frac{\partial^2 \Phi}{\partial x^2} + \frac{\partial^2 \Psi_z}{\partial x \partial y} \right),$$

$$\tau_{xy} = \rho c_T^2 \left(2 \frac{\partial^2 \Phi}{\partial x \partial y} + \frac{\partial^2 \Psi_z}{\partial y^2} - \frac{\partial^2 \Psi_z}{\partial x^2} \right), \tag{4.3.68}$$

となっている．式(4.3.30)−(4.3.33)に示した通り，関連する変位ポテンシャルϕ, Ψ_zは

$$\phi = C_1 \exp\{i(k_{Lx}x - k_{Ly}y - \omega t)\} + C_2 \exp\{i(k_{Lx}x + k_{Ly}y - \omega t)\},$$

$$\Psi_z = D_1 \exp\{i(k_{Tx}x - k_{Ty}y - \omega t)\} + D_2 \exp\{i(k_{Tx}x + k_{Ty}y - \omega t)\}, \tag{4.3.69}$$

となる．ここで，領域I, IIに関するパラメータに対し，それぞれ添え字 *I, II* で表すとすると，領域Iにおける変位ポテンシャルは，

$$\phi^I = C_1^I \exp\{i(k_{Lx}^I x - k_{Ly}^I y - \omega t)\} + C_2^I \exp\{i(k_{Lx}^I x + k_{Ly}^I y - \omega t)\},$$

$$\Psi_z^I = D_1^I \exp\{i(k_{Tx}^I x - k_{Ty}^I y - \omega t)\} + D_2^I \exp\{i(k_{Tx}^I x + k_{Ty}^I y - \omega t)\}, \tag{4.3.70}$$

となり，それぞれ第 1 項は，界面に近づく方向に伝搬する（$-y$方向に伝搬する）入射波であり，第 2 項は界面から遠ざかる（$+y$方向に伝搬する）反射波を表している．領域 II における変位ポテンシャルは，界面から遠ざかる（$-y$方向に伝搬する）透過波のみなので，

$$\phi^{II} = C_1^{II} \exp\{i(k_{Lx}^{II}x - k_{Ly}^{II}y - \omega t)\},$$
$$\Psi_z^{II} = D_1^{II} \exp\{i(k_{Tx}^{II}x - k_{Ty}^{II}y - \omega t)\}, \tag{4.3.71}$$

となる．界面における変位と応力の連続性を表す境界条件式は以下のように書ける．

$$u_x^I = u_x^{II}, \quad u_y^I = u_y^{II}, \quad \sigma_y^I = \sigma_y^{II}, \quad \tau_{xy}^I = \tau_{xy}^{II} \quad \text{at} \quad y = 0. \tag{4.3.72}$$

このとき，式(4.3.70),(4.3.71)を式(4.3.67),(4.3.68)に代入し，変位，応力の連続条件式(4.3.72)に適用すると，図 4.3.2 の場合と同様に，位相整合条件よりx方向の波数成分は以下のように一致する．

$$k_{Lx}^I = k_{Tx}^I = k_{Lx}^{II} = k_{Tx}^{II}. \tag{4.3.73}$$

また，入射波に関する係数C_1^I, D_1^Iを既知として，反射波に関する係数C_2^I, D_2^Iと，透過波に関する係数C_1^{II}, D_1^{II}を式(4.3.70)の 4 式から求めることができる．

$u_x^I = u_x^{II}$より，

$$k_{Lx}^I(C_1^I + C_2^I) - k_{Ty}^I(D_1^I - D_2^I) = k_{Lx}^{II}C_1^{II} - k_{Ty}^{II}D_1^{II}. \tag{4.3.74}$$

$u_y^I = u_y^{II}$より，

$$k_{Ly}^I(C_1^I - C_2^I) + k_{Tx}^I(D_1^I + D_2^I) = k_{Ly}^{II}C_1^{II} + k_{Tx}^{II}D_1^{II}. \tag{4.3.75}$$

$\sigma_y^I = \sigma_y^{II}$より，

$$\rho^I\left[\left(-\omega^2 + 2c_T^{I\,2}k_{Tx}^{I\,2}\right)(C_1^I + C_2^I) - 2c_T^{I\,2}k_{Tx}^{I\,2}k_{Ty}^{I\,2}(D_1^I - D_2^I)\right]$$
$$= \rho^{II}\left[\left(-\omega^2 + 2c_T^{II\,2}k_{Tx}^{II\,2}\right)C_1^{II} - 2c_T^{II\,2}k_{Tx}^{II\,2}k_{Ty}^{II\,2}D_1^{II}\right]. \tag{4.3.76}$$

$\tau_{xy}^I = \tau_{xy}^{II}$より，

$$\rho^I c_T^{I\,2}\left[2k_{Lx}^{I\,2}k_{Ly}^{I\,2}(C_1^I - C_2^I) + \left(k_{Tx}^{I\,2} - k_{Ty}^{I\,2}\right)(D_1^I + D_2^I)\right]$$
$$= \rho^{II}c_T^{II\,2}\left[2k_{Lx}^{II\,2}k_{Ly}^{II\,2}C_1^{II} + (k_{Tx}^{II\,2} - k_{Ty}^{II\,2})D_1^{II}\right]. \tag{4.3.77}$$

たとえば入射波が縦波のみの場合，$D_1^I = 0$として，

$$
\begin{bmatrix}
k_{Lx}^I & -k_{Ty}^{II} & -k_{Lx}^{II} & k_{Ty}^{II} \\
-k_{Ly}^I & k_{Tx}^I & -k_{Ly}^{II} & -k_{Tx}^{II} \\
\rho^I\left(-\omega^2+2c_T^{I\,2}k_{Tx}^{I\,2}\right) & 2c_T^{I\,2}k_{Tx}^{I\,2}k_{Ty}^{I\,2} & -\rho^{II}\left(-\omega^2+2c_T^{II\,2}k_{Tx}^{II\,2}\right) & 2\rho^{II}c_T^{II\,2}k_{Tx}^{II\,2}k_{Ty}^{II\,2} \\
-2\rho^I c_T^{I\,2}k_{Lx}^{I\,2}k_{Ly}^{I\,2} & \rho^I c_T^{I\,2}\left(k_{Tx}^{I\,2}-k_{Ty}^{I\,2}\right) & 2\rho^{II}c_T^{II\,2}k_{Lx}^{II\,2}k_{Ly}^{II\,2} & \rho^{II}c_T^{II\,2}(k_{Tx}^{II\,2}-k_{Ty}^{II\,2})
\end{bmatrix}
\begin{bmatrix}
C_2^I \\ D_2^I \\ C_1^{II} \\ D_1^{II}
\end{bmatrix}
$$

$$
=\begin{bmatrix}
-k_{Lx}^I \\
-k_{Ly}^I \\
-\rho^I\left(-\omega^2+2c_T^{I\,2}k_{Tx}^{I\,2}\right) \\
-2\rho^I c_T^{I\,2}k_{Lx}^{I\,2}k_{Ly}^{I\,2}
\end{bmatrix}C_1^I~, \tag{4.3.78}
$$

が得られる．ここで，各領域における入射角，反射角，屈折角を図 4.3.7 に示したように，$\theta_L^I,\theta_T^I,\theta_L^{II},\theta_T^{II}$ と表す．ただし，入射角と反射角は式(4.3.24)における議論と同様に一致している．このとき，

$$
k_{Lx}^I=k_L^I\cos\theta_L^I,~~k_{Ly}^I=k_L^I\sin\theta_L^I,~~k_{Tx}^I=k_T^I\cos\theta_T^I,~~k_{Ty}^I=k_T^I\sin\theta_T^I,
$$
$$
k_{Lx}^{II}=k_L^{II}\cos\theta_L^{II},~k_{Ly}^{II}=k_L^{II}\sin\theta_L^{II},~k_{Tx}^{II}=k_T^{II}\cos\theta I_T^I,~k_{Ty}^{II}=k_T^{II}\sin\theta_T^I,
$$
$$\tag{4.3.79}$$

となる．ただし，$k_L^I=\omega/c_L^I, k_T^I=\omega/c_T^I, k_L^{II}=\omega/c_L^{II}, k_T^{II}=\omega/c_T^{II}$ であり，音速と角周波数から求められる既知量である．また，$\theta_T^I,\theta_L^{II},\theta_T^{II}$ は，縦波入射角 θ_L^I が既知量であれば，式(4.3.73)より以下のように定められる量である．

$$
\theta_T^I=\arcsin\left(\frac{k_L^I}{k_T^I}\sin\theta_L^I\right),~~~~~\theta_L^{II}=\arcsin\left(\frac{k_L^I}{k_L^{II}}\sin\theta_L^I\right),
$$
$$
\theta_T^{II}=\arcsin\left(\frac{k_L^I}{k_T^{II}}\sin\theta_L^I\right).
$$
$$\tag{4.3.80}$$

このとき，式(4.3.78)を解くことにより，未知定数 $C_2^I, D_2^I, C_1^{II}, D_1^{II}$ を C_1^I との比として求めることができる．

　同様に入射波が SV 波のみの場合，$C_1^I=0$ として解くことで，未知定数 $C_2^I, D_2^I, C_1^{II}, D_1^{II}$ を D_1^I の比として求めることができる．

4.3.3　液体間にある薄板を透過する超音波

　前項では，2 つの異なる等方弾性体が固着している場合の超音波の反射・透過・屈折について議論した．そのせん断係数 $\mu=G\to0$ または横波音速 $c_T\to0$ とすれば，完全流体を模擬することも可能である．また，界面が 2 つの場合も同様の手順により解を求めることができる．ここでは，空気や水中にある薄板に対し，斜角入射した場合の超音波のエネルギ透過率の解のみを示しておく[2]．

図 4.13 のように密度ρ_a，音速c_aの完全流体中に等方弾性体の薄板があり，そこに超音波が角度θで入射する．薄板は厚さd，密度ρ_S，縦波音速c_L，横波音速c_Tとする．このときのエネルギ透過率は

$$T_E = \frac{4N^2}{(M^2 - N^2 + 1)^2 + 4N^2} \tag{4.3.81}$$

となる．ただし，

$$N = \frac{Z_L}{Z}\frac{\cos^2(2\theta_T)}{\sin(k_{Ly}d)} + \frac{Z_T}{Z}\frac{\sin^2(2\theta_T)}{\sin(k_{Ty}d)}, M = \frac{Z_L}{Z}\frac{\cos^2(2\theta_L)}{\tan(k_{Ly}d)} + \frac{Z_T}{Z}\frac{\sin^2(2\theta_T)}{\tan(k_{Ty}d)},$$

$$Z = \frac{\rho_a c_a}{\cos\theta} \ , \qquad Z_L = \frac{\rho_S c_L}{\cos\theta_L} \ , \qquad Z_T = \frac{\rho_S c_T}{\cos\theta_T} \ ,$$

$$\theta_L = \arcsin\left(\frac{c_L}{c_a}\sin\theta\right), \quad \theta_T = \arcsin\left(\frac{c_T}{c_a}\sin\theta\right), \tag{4.3.82}$$

$$k_{Ly} = \frac{\omega}{c_L}\cos\theta_L \ , \qquad k_{Ty} = \frac{\omega}{c_T}\cos\theta_T \ ,$$

である．上述の arcsin の計算は，引数の絶対値が 1 以上であっても有効であり，arcsin の定義を拡張して扱う必要がある．

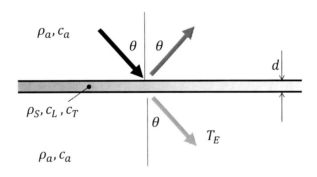

図 4.13 完全流体中の薄板における超音波の反射・透過

ここで，空中超音波によって鋼板に超音波を伝搬させる場合を考える．空気を$\rho_a = 1.3$ kg/m³，$c_a = 340$ m/sとし，鋼を$\rho_S = 7800$ kg/m³，$c_L = 5800$ m/s，$c_L = 3200$ m/sとする．このときのエネルギ透過率T_Eを，様々な入射角，様々な各周波数ωに対し濃淡でプロットしたものが図 4.14 である．周波数軸は，周波数fと板厚dの積で表すことができ，より汎用的がグラフとなるので，ここでも縦軸をfdとした．エネルギ透過率T_Eをデシベル表記（$20\log(T_E)$）しており，黒が透過率が大きく，白が小さいことを意味する．(b)のようにあるfd値に対し透過率をプロットすると，ある特定の角度で入射したときに透過率が極端に大きくなっていることが分かる．空気と鋼板の音響インピーダンス差は極めて大きく，バルク体の鋼中にはほとんどエネルギを入力することはできないが，薄板の場合，入射角

を調整することでエネルギを透過させることが可能となる．この角度は，ちょうど薄板中を伝搬するラム波 A0 モードおよび S0 モードを励起するための臨界角に対応しており，ラム波モードが効率よく励振された場合に，大きく振動して透過率が大きくなることが分かる．

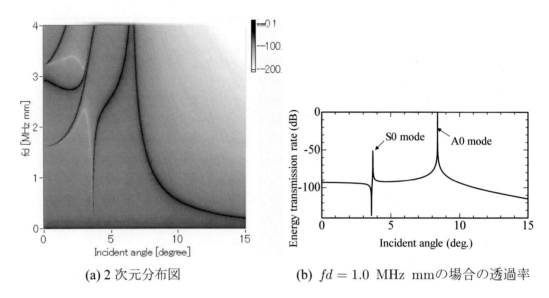

| (a) 2 次元分布図 | (b) $fd = 1.0$ MHz mmの場合の透過率 |

図 4.14　空気中の鋼板における透過率

$\rho_a = 1.3$ kg/m^3, $c_a = 340$ m/s, $\rho_S = 7800$ kg/m^3, $c_L = 5800$ m/s, $c_L = 3200$ m/s

4章の参考文献

[1] K. F. Graff, *Wave motion in elastic solids,* Dover, 1991, pp.14-17
[2] 実吉純一，菊池喜充，能本乙彦監修，『超音波技術便覧』，日刊工業新聞社，1966，pp.79-83

5. 境界に沿って伝搬する波（ガイド波）

　均質一様な等方弾性体中には，縦波と横波の 2 つの伝搬モードが存在し，それぞれ材料固有の異なる速度で伝搬する．また，弾性体の境界面では，反射や屈折に加え，縦波から横波へのモード変換や横波から縦波へのモード変換が起こり，複雑に伝搬する．これらは，波動方程式と境界条件式から導くことができ，超音波トランスデューサを用いた測定によって簡単に確認することもできる．さらに，境界面に沿って伝搬する導波モード（ガイド波，guided waves）も比較的大きく計測されることが知られており，弾性波素子や非破壊材料評価などに利用されている．本章では，この境界に沿って伝搬する種々のガイド波の解析解を波動方程式と境界条件式より導出する．

5.1 表面に局在して分布するガイド波（レイリー波）

5.1.1 レイリー波の特性方程式と近似解

　境界に沿って伝搬するガイド波を解析的に導出するために，境界面に沿って伝搬する調和波の存在を仮定し，波動方程式と境界条件式を満たす解を求める．ここでは，半無限等方弾性体の自由表面に沿って伝搬する弾性波（レイリー波，Rayleigh wave）を考える．

　図 5.1 に示すような $y = 0$ の自由表面上を x 方向に伝搬し，$x-y$ 面内で振動する波動場が存在すると仮定する．つまり，平面ひずみ状態を仮定し z 方向の勾配成分や変位成分はすべてゼロとなっているとする（$u_z = \partial/\partial z = 0$）．このとき第 4 章の式(4.3.27)−(4.3.29)がそのまま利用できる．すなわち変位の式は，

$$u_x = \frac{\partial \Phi}{\partial x} + \frac{\partial \Psi_z}{\partial y}, \quad u_y = \frac{\partial \Phi}{\partial y} - \frac{\partial \Psi_z}{\partial x}, \tag{5.1.1}$$

であり，波動方程式は

$$\frac{\partial^2 \Phi}{\partial t^2} = c_L^2 \left(\frac{\partial^2 \Phi}{\partial x^2} + \frac{\partial^2 \Phi}{\partial y^2} \right), \quad \frac{\partial^2 \Psi_z}{\partial t^2} = c_T^2 \left(\frac{\partial^2 \Psi_z}{\partial x^2} + \frac{\partial^2 \Psi_z}{\partial y^2} \right), \tag{5.1.2}$$

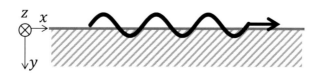

図 5.1　表面上を伝播するレイリー波

となり，境界条件式は，$y = 0$ 面における表面力がゼロであることから，

$$\sigma_y = 0 \;\Rightarrow c_L^2 \left(\frac{\partial^2 \Phi}{\partial x^2} + \frac{\partial^2 \Phi}{\partial y^2} \right) - 2c_T^2 \left(\frac{\partial^2 \Phi}{\partial x^2} + \frac{\partial^2 \Psi_z}{\partial x \partial y} \right) = 0 \qquad \text{at} \quad y = 0,$$

$$\tau_{xy} = 0 \Rightarrow 2\frac{\partial^2 \Phi}{\partial x \partial y} + \frac{\partial^2 \Psi_z}{\partial y^2} - \frac{\partial^2 \Psi_z}{\partial x^2} = 0 \qquad \text{at} \quad y = 0, \qquad (5.1.3)$$

である．x方向に境界に沿って位相速度c，波数k（$k = \omega/c$）で伝搬する角速度ωの調和振動場を考える．この仮定において，変位ポテンシャルの解を

$$\Phi = f(y)\exp\{i(kx - \omega t)\}, \qquad \Psi_z = h(y)\exp\{i(kx - \omega t)\}, \qquad (5.1.4)$$

と記述することが可能である．これを波動方程式(5.1.2)に代入すると，

$$-\omega^2 f = -c_L^2 k^2 f + c_L^2 \frac{d^2 f}{dy^2} \;, \qquad -\omega^2 h = -c_T^2 k^2 h + c_T^2 \frac{d^2 h}{dy^2},$$

$$\Longrightarrow \quad \frac{d^2 f}{dy^2} - \left(k^2 - \frac{\omega^2}{c_L^2} \right) f = 0, \qquad \frac{d^2 h}{dy^2} - \left(k^2 - \frac{\omega^2}{c_T^2} \right) h = 0, \qquad (5.1.5)$$

となる．ここで，$\alpha^2 = k^2 - \omega^2/c_L^2$ ，$\beta^2 = k^2 - \omega^2/c_T^2$ とおくと，式(5.1.5)の微分方程式の解は，$C,\ C_1,\ D,\ D_1$を任意定数として，

$$f(y) = Ce^{-\alpha y} + C_1 e^{\alpha y}, \qquad h(y) = De^{-\beta y} + D_1 e^{\beta y}, \qquad (5.1.6)$$

となる．ここでは，

$$\alpha = \sqrt{k^2 - \omega^2/c_L^2} \;, \qquad \beta = \sqrt{k^2 - \omega^2/c_T^2} \;, \qquad (5.1.7)$$

おいたとき，平方根内が負の場合，α, βは純虚数となり，式(5.1.6)はx方向だけでなく，y方向にも伝搬する波動場となる．これは第4章で扱った斜めに伝搬する平面波を表すので，ここでは平方根内を正として考える．このときα, β が正の実数であり，式(5.1.6)の第2項は$y \to \infty$において発散する．そのため解として不適なので，この項は無視する．つまり，

$$k < \omega/c_T, \;\; \omega/c_L \;\Rightarrow\; c < c_T < c_L,$$
$$C_1 = D_1 = 0 \;\Rightarrow\; f(y) = Ce^{-\alpha x_2}, \qquad h(y) = De^{-\beta x_2} \qquad (5.1.8)$$

である．これより，

$$\Phi = Ce^{-\alpha y} e^{i(kx - \omega t)}, \qquad \Psi_z = De^{-\beta y} e^{i(kx - \omega t)}. \qquad (5.1.9)$$

ここで，式(5.1.9)を式(5.1.3)の第1式 $\sigma_y = 0$ に代入して整理すると，

$$[(k^2 + \beta^2)C + 2ik\beta D]e^{i(kx - \omega t)} = 0 \;, \qquad (5.1.10)$$

が得られ，式(5.1.9)を式(5.1.3)の第2式 $\tau_{xy} = 0$ に代入して整理すると，

$$[-2ik\alpha C + (k^2 + \beta^2)D]e^{i(kx-\omega t)} = 0 \tag{5.1.11}$$

となる．式(5.1.10)および(5.1.11)について，すべてのx,tに対し成立することから，大かっこ[　]内がゼロであり，

$$\begin{bmatrix} k^2 + \beta^2 & 2i\beta k \\ -2i\alpha k & k^2 + \beta^2 \end{bmatrix} \begin{bmatrix} C \\ D \end{bmatrix} = \mathbf{0} \ , \tag{5.1.12}$$

が得られる．$\begin{bmatrix} C \\ D \end{bmatrix} = \mathbf{0}$ 以外の非自明解が存在するためには，

$$\begin{vmatrix} k^2 + \beta^2 & 2i\beta k \\ -2i\alpha k & k^2 + \beta^2 \end{vmatrix} = 0 \ , \tag{5.1.13}$$

が成立することが必要十分条件であり，書き換えると以下のレイリー波の特性方程式が得られる．

$$(k^2 + \beta^2)^2 - 4\alpha\beta k^2 = 0. \tag{5.1.14}$$

この式は，ある角周波数ωに対し，波数kに関する方程式となっており，この方程式を解くことにより，自由表面を伝搬するx方向の波動場の波数kを導出することができる．

この式を$c = \omega/k$の関係式より，位相速度に関する式に変換すると，

$$\left(2\frac{\omega^2}{c^2} - \frac{\omega^2}{c_T^2}\right)^2 - 4\sqrt{\frac{\omega^2}{c^2} - \frac{\omega^2}{c_L^2}}\sqrt{\frac{\omega^2}{c^2} - \frac{\omega^2}{c_T^2}}\frac{\omega^2}{c^2} = 0,$$

$$\Rightarrow \left(\frac{2}{c^2} - \frac{1}{c_T^2}\right)^2 - 4\sqrt{\frac{1}{c^2} - \frac{1}{c_L^2}}\sqrt{\frac{1}{c^2} - \frac{1}{c_T^2}}\frac{1}{c^2} = 0, \tag{5.1.15}$$

のように変形できる．すなわち，レイリー波の位相速度cは周波数に依存せず一定であることが分かる．位相速度が周波数に依存することを，速度分散性もしくは分散性といい，後に扱うラム波などの多くのガイド波では分散性を示すが，レイリー波は非分散性である．また，式(5.1.15)から位相速度cの解は，複素数根も含め複数得られるが，式(5.1.7)の平方根内を正とおいていることから，$c/c_T < 1$である．このとき，解は一つに定まり，その解は近似解として以下のように与えられている[1].

$$\frac{c}{c_T} \cong \frac{0.87 + 1.12\nu}{1 + \nu} \ . \tag{5.1.16}$$

ここで，νはポアソン比である．ポアソン比は，アルミニウム合金で約0.33，鋼で0.30程度の値を持ち，ほぼすべての材料は0〜0.5の範囲内に存在している．図5.2はその時のレ

イリー波の位相速度と横波音速の比を示したものであり，0.87〜0.96 の範囲内にあることが分かる．

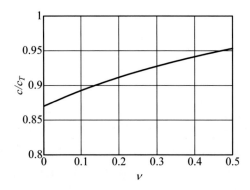

図 5.1 ポアソン比に対するレイリー波音速

5.1.2 レイリー波の振動分布

　次に変位解を算出して，レイリー波の振動分布について検討する．式(5.1.9)を式(5.1.1)に代入すると，変位は

$$
\begin{aligned}
u_x &= (ikCe^{-\alpha y} - \beta D e^{-\beta y})e^{i(kx-\omega t)} \ , \\
u_y &= (-\alpha C e^{-\alpha y} - ik D e^{-\beta y})e^{i(kx-\omega t)} \ ,
\end{aligned}
\tag{5.1.17}
$$

となる．式(5.1.12)の下式より得られる以下の式

$$
C = \frac{k^2 + \beta^2}{2i\alpha k} D \ ,
\tag{5.1.18}
$$

を式(5.1.17)に代入すると，

$$
\begin{aligned}
u_x &= D\left(\frac{k^2+\beta^2}{2\alpha}e^{-\alpha y} - \beta e^{-\beta y}\right)e^{i(kx-\omega t)} \ , \\
u_y &= D\left(-\frac{k^2+\beta^2}{2ik}e^{-\alpha y} - ike^{-\beta y}\right)e^{i(kx-\omega t)} \\
&= iD\left(\frac{k^2+\beta^2}{2k}e^{-\alpha y} - ke^{-\beta y}\right)e^{i(kx-\omega t)} \ ,
\end{aligned}
\tag{5.1.19}
$$

となる．実際の波動伝搬の様子を観察するため，上式の実部を取ると，

$$
\begin{aligned}
u_x &= D\left(\frac{k^2+\beta^2}{2\alpha}e^{-\alpha y} - \beta e^{-\beta y}\right)\cos(kx-\omega t) \ , \\
u_y &= -D\left(\frac{k^2+\beta^2}{2k}e^{-\alpha y} - ke^{-\beta y}\right)\sin(kx-\omega t) \ ,
\end{aligned}
\tag{5.1.20}
$$

のように得られる．すなわち，座標(x,y)における粒子変位u_x, u_yの位相は 90 度ずれていることが分かる．さらに，以下の関係式を満たしていることから，

$$\frac{u_x^2}{D^2\left(\dfrac{k^2+\beta^2}{2\alpha}\,e^{-\alpha y}-\beta e^{-\beta y}\right)^2}+\frac{u_y^2}{D^2\left(\dfrac{k^2+\beta^2}{2k}\,e^{-\alpha y}-k e^{-\beta y}\right)^2}=1, \quad (5.1.21)$$

座標(x,y)における粒子変位ベクトル$\mathbf{u}=(u_x\quad u_y)^T$は楕円軌道を描いて変化していることが分かる．図5.3は式(5.1.20)のある時刻に対する振動分布であり，表面上の点と表面からある深さの2点において格子位置の軌跡を示した．レイリー波が右に伝搬するのに対し，表面上の点では時計と反対周りの楕円軌道で回転し，逆にある深さ以下では，時計回りに回転している様子が分かる．

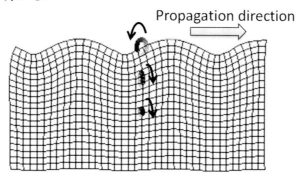

図5.3 様々な深さにおけるレイリー波の振動分布

5.2 板中を伝わるガイド波（SH板波）

　薄板中を伝搬するガイド波は板波と呼ばれ，薄板状材料の非破壊評価から弾性波素子まで広く利用されている．均質一様な弾性体でできた薄板を伝搬する板波は，その断面に垂直方向の振動分布を持つSH板波と断面内を振動するラム波（Lamb波）に分けることができる．ここでは，初めにSH板波について考える．

5.2.1 SH板波の特性方程式

　図5.4のように，厚み$2b$の均質一様な等方弾性体でできた薄板中をz方向に振動しながら，x方向に伝搬する波動場を考える．このとき，4.3.1項(2)と同様に，変位成分はu_zのみを有しており，$u_x=u_y=0$であるので，

$$u_z=\frac{\partial\Psi_y}{\partial x}-\frac{\partial\Psi_x}{\partial y}, \tag{5.2.1}$$

で，Φ，Ψ_zに関する式は無視できる．物体力を無視した波動方程式は式(4.3.9)であり，再掲すると

$$\frac{\partial^2\Psi_x}{\partial t^2}=c_T^2\left(\frac{\partial^2\Psi_x}{\partial x^2}+\frac{\partial^2\Psi_x}{\partial y^2}\right),\qquad \frac{\partial^2\Psi_y}{\partial t^2}=c_T^2\left(\frac{\partial^2\Psi_y}{\partial x^2}+\frac{\partial^2\Psi_y}{\partial y^2}\right), \quad (5.2.2)$$

である．$y = \pm b$において自由境界であるので

$$\tau_{yz} = 0 \implies \frac{\partial^2 \Psi_y}{\partial x \partial y} - \frac{\partial^2 \Psi_x}{\partial y^2} = 0 \qquad \text{at} \qquad y = \pm b \,, \qquad (5.2.3)$$

という境界条件式が与えられる．$+x$方向に伝搬する波動場を考えるので，Ψ_x, Ψ_yを未知関数$f(y), h(y)$を用いて以下のようにおくことができる．

$$\Psi_x = f(y)\exp\{i(kx - \omega t)\}, \quad \Psi_y = h(y)\exp\{i(kx - \omega t)\}. \qquad (5.2.4)$$

これを式(5.2.2)に代入して整理すると，

$$\frac{d^2 f}{dy^2} + \left(\frac{\omega^2}{c_T^2} - k^2\right) f = 0, \qquad \frac{d^2 h}{dy^2} + \left(\frac{\omega^2}{c_T^2} - k^2\right) h = 0. \qquad (5.2.5)$$

ここで，$\alpha^2 = \omega^2/c_T^2 - k^2$とおくと，$f, h$の一般解は，未知定数$A - D$を用いて，

$$f = Ae^{i\alpha y} + Be^{-i\alpha y}, \qquad h = Ce^{i\alpha y} + De^{-i\alpha y} \qquad (5.2.6)$$

となり，

$$\Psi_x = (Ae^{i\alpha y} + Be^{-i\alpha y})e^{i(kx-\omega t)}, \Psi_y = (Ce^{i\alpha y} + De^{-i\alpha y})e^{i(kx-\omega t)}, \qquad (5.2.7)$$

のように表される．これらを境界条件式(5.2.3)に代入すると，

$$\alpha[(A\alpha - Ck)e^{i\alpha y} + (B\alpha + Dk)e^{-i\alpha y}]e^{i(kx-\omega t)} = 0 \quad \text{at} \quad y = \pm b. \qquad (5.2.8)$$

この境界条件式は，あらゆる x, t に対し成立しているので，$\alpha[\ ] = 0$となり以下の連立方程式となる．

$$\alpha \begin{pmatrix} e^{i\alpha b} & e^{-i\alpha b} \\ e^{-i\alpha b} & e^{i\alpha b} \end{pmatrix} \begin{pmatrix} A' \\ B' \end{pmatrix} = \mathbf{0}, \quad A' = A\alpha - Ck, \ B' = B\alpha + Dk. \qquad (5.2.9)$$

ここで，変位は式(5.2.1)より

$$u_z = i[-A'e^{i\alpha y} + B'e^{-i\alpha y}]e^{i(kx-\omega t)}, \qquad (5.2.10)$$

となっているので，$\begin{pmatrix} A' \\ B' \end{pmatrix} = \mathbf{0}$ は自明解である．式(5.2.9)が非自明解を持つために，

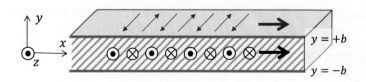

図 5.4　　厚さ$2b$ の平板中を伝搬する SH 板波

$$\alpha(e^{2i\alpha b} - e^{-2i\alpha b}) = 2i\alpha \sin(2\alpha b) = 0 \ , \tag{5.2.11}$$

が成立しなくてはならない．すなわち，

$$\alpha = 0 \qquad \text{or} \qquad 2\alpha b = n\pi \qquad n\text{: integer,} \tag{5.2.12}$$

であり，整理すると，

$$k = \pm\sqrt{\left(\frac{\omega}{c_T}\right)^2 - \left(\frac{n\pi}{2b}\right)^2} \ , \qquad c = \pm\omega \bigg/ \sqrt{\left(\frac{\omega}{c_T}\right)^2 - \left(\frac{n\pi}{2b}\right)^2} \ , \tag{5.2.13}$$

のような，波数kや位相速度cに関する関係式が得られる．$\pm$は正方向，負方向のいずれにも伝搬しうることを表している．レイリー波の場合と異なり，位相速度が周波数に依存して変化することが分かる．このように，速度が周波数により異なる性質を速度分散性（または単に分散性）と呼ぶ．

5.2.2 群速度

波数や位相速度が周波数に依存して変化する場合，位相速度と 3.4 節で示したエネルギが伝搬する速度（群速度）が異なるため，位相速度と群速度を明確に区別して扱う必要がある．

群速度を簡単に説明するため，以下のような波数k，角周波数ωの平面調和波とそれからわずかに異なる波数$k + \Delta k$，角周波数$\omega + \Delta\omega$の平面調和波を考える．

$$u_1 = Ae^{i(kx - \omega t)}, \qquad u_2 = Ae^{i\{(k+\Delta k)x - (\omega + \Delta\omega)t\}}. \tag{5.2.14}$$

これらの和を取ると，

$$\begin{aligned}
u_1 + u_2 &= Ae^{i(kx - \omega t)}\left\{1 + e^{i(\Delta kx - \Delta\omega t)}\right\} \\
&= Ae^{i\left\{\left(k+\frac{\Delta k}{2}\right)x - \left(\omega + \frac{\Delta\omega}{2}\right)t\right\}}\left\{e^{-\frac{i(\Delta kx - \Delta\omega t)}{2}} + e^{\frac{i(\Delta kx - \Delta\omega t)}{2}}\right\} \\
&= 2A\cos\left(\frac{\Delta k}{2}x - \frac{\Delta\omega}{2}t\right)\ e^{i\left\{\left(k+\frac{\Delta k}{2}\right)x - \left(\omega + \frac{\Delta\omega}{2}\right)t\right\}},
\end{aligned} \tag{5.2.15}$$

となる．Δk，$\Delta\omega$が微小なので，$e^{i\left\{\left(k+\frac{\Delta k}{2}\right)x - \left(\omega + \frac{\Delta\omega}{2}\right)t\right\}} \cong e^{i(kx - \omega t)}$とし，

$$u_1 + u_2 \cong 2A\cos\left\{\frac{\Delta\omega}{2}\left(\frac{\Delta k}{\Delta\omega}x - t\right)\right\}e^{i(kx - \omega t)}, \tag{5.2.16}$$

のように表される．$\cos$の項は，角周波数$\Delta\omega/2$で振動し，進行速度が$c_g = \Delta\omega/\Delta k$であることを表しており，この項により振動項$e^{i(kx - \omega t)}$を変調しているといえる．図 5.5 は$k =$

$1.0, \Delta k = 0.1,\ A = 1$ とした場合の $u_1, u_2, u_1 + u_2$ および変調部分 $2\cos\frac{\Delta\omega}{2}\left(\frac{\Delta k}{\Delta\omega}x - t\right)$ を $t = 0$ について示したものである．右図グレーで示した変調部分が $c_g = \Delta\omega/\Delta k$ で伝搬する．

$\Delta k \to dk, \Delta\omega \to d\omega$ として，一般に群速度は，

$$c_g = d\omega/dk\ , \tag{5.2.17}$$

のように定義されている．$\omega = ck,\ \lambda = 2\pi/k$ の関係より

$$\begin{aligned}
c_g &= \frac{d(ck)}{dk} = c + k\frac{dc}{dk} = c + k\frac{dc}{d\lambda}\frac{d\lambda}{dk} \\
&= c + k\frac{dc}{d\lambda}\left(\frac{-2\pi}{k^2}\right) = c - \frac{2\pi}{k}\frac{dc}{d\lambda} = c - \lambda\frac{dc}{d\lambda}\ ,
\end{aligned} \tag{5.2.18}$$

とも書ける．また群速度 c_g は 3.4 節で示したエネルギの伝搬速度 c_E と一致することも知られており，

$$c_g = \frac{E^{AVE}}{K^{AVE} + U^{AVE}} = c_E, \tag{5.2.19}$$

とも書ける．

SH 板波の場合も式(5.2.10)で示される変位から応力を求め，エネルギ流束密度，運動エネルギ密度，ひずみエネルギ密度の時間平均 $E^{AVE}, K^{AVE}, U^{AVE}$ をそれぞれ計算すると，上式が成立していることを示すことができる．また，式(5.2.13) $k^2 = (\omega/c_T)^2 - (n\pi/2b)^2$ を k で微分して，

$$2k = \frac{2\omega}{c_T^2}\frac{d\omega}{dk} \quad \therefore c_g = \frac{d\omega}{dk} = c_T^2\frac{\omega}{k} = \pm\frac{c_T^2}{\omega}\sqrt{\left(\frac{\omega}{c_T}\right)^2 - \left(\frac{n\pi}{2b}\right)^2}, \tag{5.2.20}$$

となる．

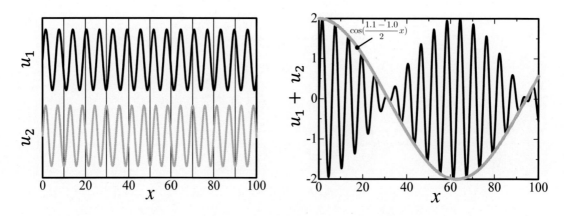

図 5.5　$u_1 = A\cos x, u_2 = A\cos(1.1x)$ の調和波と $u_1 + u_2$ および $\cos(\frac{1.1-1.0}{2}x)$
$\cos(\frac{1.1-1.0}{2}x)$ のまとまり（波束）の伝搬速度を群速度という

5.2.3 分散曲線

SH 板波の波数や位相速度は，式(5.2.13)に示されるように，角周波数に依存しており，nにより飛び飛びの値を取る．以下の無次元パラメータを導入すると，

$$\bar{c} = \frac{c}{c_T}, \qquad \bar{\omega} = \frac{2\omega b}{\pi c_T}, \qquad \bar{k} = \frac{2kb}{\pi},\tag{5.2.21}$$

式(5.2.13)の分散関係式は，

$$\bar{c} = \frac{\bar{\omega}}{\sqrt{\bar{\omega}^2 - n^2}}, \qquad \bar{k} = \sqrt{\bar{\omega}^2 - n^2},\tag{5.2.22}$$

と表せ，群速度に関する分散関係式(5.2.20)は

$$\overline{c_g} = \frac{c_g}{c_T} = \frac{\sqrt{\bar{\omega}^2 - n^2}}{\bar{\omega}},\tag{5.2.23}$$

となる．図 5.6 は$n = 0 - 4$ に対して，式(5.2.22)および式(5.2.23)をグラフに表したものである．$n = 0$では，位相速度，群速度が横波音速c_Tと一致し，分散性も無いことから，横波がx方向に伝搬している状態と言える．しかし，$n = 0$以外では周波数に依存して，位相速度，群速度が変化する．それぞれ，$\bar{\omega} = n$において，波数$\bar{k} = 0$，位相速度$\bar{c} \to \infty$，群速度$\overline{c_g} = 0$となる．この周波数はカットオフ周波数と呼ばれ，SH 板波の場合，カットオフ周波数以下では波数が純虚数となる．

また，カットオフ周波数以下では，$E^{AVE} = 0$となるためエネルギの伝搬は無く，$\overline{c_g} = 0$である．

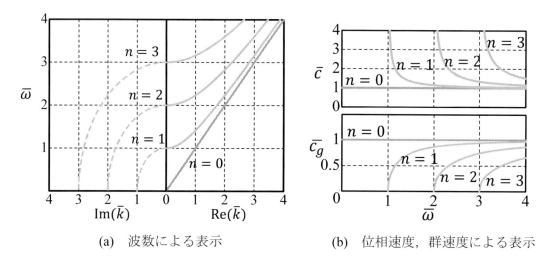

|(a) 波数による表示|(b) 位相速度，群速度による表示|

図 5.6　SH 板波の分散曲線

$n = 0$以外ではカットオフ周波数が存在し，カットオフ周波数以下の
周波数帯域では波数が純虚数になる．

5.2.4　振動分布

式(5.2.9)より，

$$B' = -e^{2i\alpha b}A',\tag{5.2.24}$$

の関係を満たすので，変位解(5.2.10)は

$$
\begin{aligned}
u_z &= -iA'e^{i\alpha b}\big[e^{i\alpha(y-b)} + e^{-i\alpha(y-b)}\big]e^{i(kx-\omega t)}\\
&= -iA'e^{i\alpha b}\cos\left\{\frac{n\pi}{2b}(y-b)\right\}e^{i(kx-\omega t)}\\
&=
\begin{cases}
A_0(-1)^{\frac{n}{2}}\cos\left(\dfrac{n\pi}{2}\dfrac{y}{b}\right)e^{i(kx-\omega t)}, & \text{for } n\text{: even},\\[2mm]
A_0(-1)^{\frac{n-1}{2}}\sin\left(\dfrac{n\pi}{2}\dfrac{y}{b}\right)e^{i(kx-\omega t)}, & \text{for } n\text{: odd},
\end{cases}
\end{aligned}\tag{5.2.25}
$$
$$A_0 = -iA'e^{i\alpha b},$$

となっている．ここで式(5.2.12) $\alpha = n\pi/2b$ を用いた．この変位の y 方向分布を$x=0, t=0, A_0=1$として図示すると，図 5.7 のようになる．つまり，n が偶数の場合には，板の中心軸 $y=0$ に対して対称な振動分布を示し，n が奇数の場合には，反対称な振動分布となっている．また，次数 n が大きくなるにしたがって，板厚方向の分布周期が小さくなり，複雑な分布となっている．

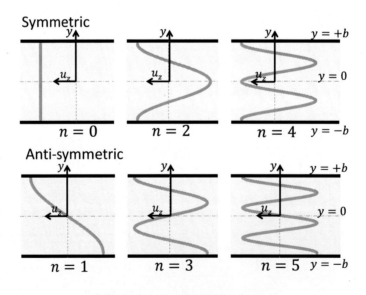

図 5.7　SH 板波の振動分布

5.3　板中を伝わるガイド波（ラム波）

5.3.1　ラム波の特性方程式（レイリーラム方程式）

図 5.8 のような均質一様な等方弾性体でできた薄板中を$x-y$面内で振動しながらx方向

に伝搬する波動場を考える．平面ひずみ状態を仮定し，z方向の変位とz方向の偏微分の項をすべてゼロとする．x方向に伝搬する角周波数ωの調和波について考える．そのとき 5.1 節で示したレイリー波の場合と同様に，

$$\Phi = f(y)\exp\{i(kx - \omega t)\}, \qquad \Psi_z = h(y)\exp\{i(kx - \omega t)\}, \qquad (5.3.1)$$

とおける．これを波動方程式(5.1.2)に代入すると，

$$\frac{d^2 f}{dy^2} + \left(\frac{\omega^2}{c_L^2} - k^2\right) f = 0, \qquad \frac{d^2 h}{dy^2} + \left(\frac{\omega^2}{c_T^2} - k^2\right) h = 0, \qquad (5.3.2)$$

のような 2 式が得られる．ここで，$\alpha^2 = \omega^2/c_L^2 - k^2$，$\beta^2 = \omega^2/c_T^2 - k^2$ とおく．これらは，5.1 節のα^2，β^2の定義とは意図的に正負を反転させている．このとき

$$f = Ae^{i\alpha y} + Be^{-i\alpha y}, \qquad h = Ce^{i\beta y} + De^{-i\beta y}, \qquad (5.3.3)$$

となる．これを式(5.3.1)に代入したものを，変位と変位ポテンシャルの関係式(5.1.1)に代入すると，x, y方向の変位は

$$u_x = i(Ake^{i\alpha y} + Bke^{-i\alpha y} + C\beta e^{i\beta y} - D\beta e^{-i\beta y})e^{i(kx-\omega t)},$$
$$u_y = i(A\alpha e^{i\alpha y} - B\alpha e^{-i\alpha y} - Cke^{i\beta y} - Dke^{-i\beta y})e^{i(kx-\omega t)}, \qquad (5.3.4)$$

と表される．ここで，$y = \pm b$において自由境界であるので，

$$\sigma_y = 0, \quad \tau_{xy} = 0 \qquad \text{at} \qquad y = \pm b, \qquad (5.3.5)$$

という 4 つの境界条件式が与えられている．5.1 節同様，式(5.3.1)をσ_y，τ_{xy}の式(4.3.5)を代入すると，式(5.3.5)の境界条件式より，未知数$A - D$の 4 つに対し 4 つの方程式が得られる．

$$\sigma_y = 0 \Rightarrow$$
$$c_T^2[(k^2 - \beta^2)(Ae^{i\alpha y} + Be^{-i\alpha y}) + 2k\beta(Ce^{i\beta y} - De^{-i\beta y})]e^{i(kx-\omega t)} = 0,$$
$$\tau_{xy} = 0 \Rightarrow$$
$$[-2k\alpha(Ae^{i\alpha y} - Be^{-i\alpha y}) + (k^2 - \beta^2)(Ce^{i\beta y} + De^{-i\beta y})]e^{i(kx-\omega t)} = 0,$$
$$\text{at} \qquad y = \pm b \qquad (5.3.6)$$

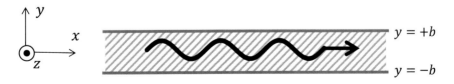

図 5.8 　厚さ 2b の平板中を伝搬するラム波

この境界条件式は，あらゆる x, t に対し成立しているので，[ ] ＝ 0 となり以下のような (a)－(d)の 4 つの連立方程式となる．

$$
\begin{array}{l}
\text{(a)} \rightarrow \\
\text{(b)} \rightarrow \\
\text{(c)} \rightarrow \\
\text{(d)} \rightarrow
\end{array}
\begin{pmatrix}
(k^2-\beta^2)e^{i\alpha b} & (k^2-\beta^2)e^{-i\alpha b} & 2k\beta e^{i\beta b} & -2k\beta e^{-i\beta b} \\
(k^2-\beta^2)e^{-i\alpha b} & (k^2-\beta^2)e^{i\alpha b} & 2k\beta e^{-i\beta b} & -2k\beta e^{i\beta b} \\
-2k\alpha e^{i\alpha b} & 2k\alpha e^{-i\alpha b} & (k^2-\beta^2)e^{i\beta b} & (k^2-\beta^2)e^{-i\beta b} \\
-2k\alpha e^{-i\alpha b} & 2k\alpha e^{i\alpha b} & (k^2-\beta^2)e^{-i\beta b} & (k^2-\beta^2)e^{i\beta b}
\end{pmatrix}
\begin{pmatrix} A \\ B \\ C \\ D \end{pmatrix} = \mathbf{0}.
$$

$$(5.3.7)$$

1 行目の式(a)と 2 行目の式(b)の和，差を取ったもの，3 行目の式(c)と 4 行目の式(d)の和，差を取ったものの形に書き換えると，

$$
\begin{array}{l}
\text{(a+b)/2} \rightarrow \\
\text{(a-b)/2}i \rightarrow \\
\text{(c+d)/2} \rightarrow \\
\text{(c-d)/2}i \rightarrow
\end{array}
\begin{pmatrix}
(k^2-\beta^2)\cos\alpha b & (k^2-\beta^2)\cos\alpha b & 2k\beta\cos\beta b & -2k\beta\cos\beta b \\
(k^2-\beta^2)\sin\alpha b & -(k^2-\beta^2)\sin\alpha b & 2k\beta\sin\beta b & 2k\beta\sin\beta b \\
-2k\alpha\cos\alpha b & 2k\alpha\cos\alpha b & (k^2-\beta^2)\cos\beta b & (k^2-\beta^2)\cos\beta b \\
-2k\alpha\sin\alpha b & -2k\alpha\sin\alpha b & (k^2-\beta^2)\sin\beta b & -(k^2-\beta^2)\sin\beta b
\end{pmatrix}
\begin{pmatrix} A \\ B \\ C \\ D \end{pmatrix} = 0,
$$

$$(5.3.8)$$

となる．このとき，たとえば 1 行目の式の A と B の係数，C と D の係数は同じ絶対値であり，

$$(k^2-\beta^2)\cos\alpha b(A+B) + 2k\beta\cos\beta b(C-D) = 0 , \qquad (5.3.9)$$

のように書くことができる．2〜4 行目の式も同様の操作をして整理すると，

$$
\begin{pmatrix}
(k^2-\beta^2)\cos\alpha b & 0 & 0 & 2k\beta\cos\beta b \\
0 & (k^2-\beta^2)\sin\alpha b & 2k\beta\sin\beta b & 0 \\
0 & -2k\alpha\cos\alpha b & (k^2-\beta^2)\cos\beta b & 0 \\
-2k\alpha\sin\alpha b & 0 & 0 & (k^2-\beta^2)\sin\beta b
\end{pmatrix}
\begin{pmatrix} A+B \\ A-B \\ C+D \\ C-D \end{pmatrix} = 0
$$

$$(5.3.10)$$

行を入れ替えて整理すると，

$$
\begin{pmatrix}
(k^2-\beta^2)\sin\alpha b & 2k\beta\sin\beta b & 0 & 0 \\
-2k\alpha\cos\alpha b & (k^2-\beta^2)\cos\beta b & 0 & 0 \\
0 & 0 & (k^2-\beta^2)\cos\alpha b & 2k\beta\cos\beta b \\
0 & 0 & -2k\alpha\sin\alpha b & (k^2-\beta^2)\sin\beta b
\end{pmatrix}
\begin{pmatrix} A-B \\ C+D \\ A+B \\ C-D \end{pmatrix} = 0
$$

$$(5.3.11)$$

となり，独立した 2×2 の行列で表される以下のような 2 つの連立方程式になる．

$$
\begin{pmatrix}
(k^2-\beta^2)\sin\alpha b & 2k\beta\sin\beta b \\
-2k\alpha\cos\alpha b & (k^2-\beta^2)\cos\beta b
\end{pmatrix}
\begin{pmatrix} A-B \\ C+D \end{pmatrix} = \mathbf{0}, \qquad (5.3.12)
$$

$$\begin{pmatrix} (k^2 - \beta^2)\cos\alpha b & 2k\beta\cos\beta b \\ -2k\alpha\sin\alpha b & (k^2 - \beta^2)\sin\beta b \end{pmatrix} \begin{pmatrix} A + B \\ C - D \end{pmatrix} = \mathbf{0}. \tag{5.3.13}$$

式(5.3.13)の未知数ベクトル $\begin{pmatrix} A + B \\ C - D \end{pmatrix} = \mathbf{0}, (B = -A,\ D = C)$ とすると，式(5.3.11)が非自明解を持つためには，式(5.3.12)の行列式＝0でなければならない．すなわち，

$$(k^2 - \beta^2)^2\sin\alpha b\cos\beta b + 4k^2\alpha\beta\cos\alpha b\sin\beta b = 0. \tag{5.3.14}$$

また，式(5.312)の未知数ベクトル $\begin{pmatrix} A - B \\ C + D \end{pmatrix} = \mathbf{0}, (B = A,\ D = -C)$ とすると，式(5.3.13)の行列式＝0でなければならない．すなわち

$$(k^2 - \beta^2)^2\cos\alpha b\sin\beta b + 4k^2\alpha\beta\sin\alpha b\cos\beta b = 0. \tag{5.3.15}$$

これらをまとめて表記すると[2]，

$$\frac{\tan\beta b}{\tan\alpha b} + \left\{ \frac{4\alpha\beta k^2}{(k^2 - \beta^2)^2} \right\}^{\pm 1} = 0, \tag{5.3.16}$$

となる．これら式(5.3.14)－(5.3.16)は，レイリーラム（Rayleigh-Lamb）方程式と呼ばれ，均質一様な等方弾性体の薄板中を長手方向に伝搬するラム波（Lamb waves）の特性方程式である．この式から，ある角周波数 ω に対し波数解 k を算出することで，ラム波の分散曲線が得られる．5.3.3 項に示す振動分布より，上式の+1 の場合は，板厚中心に対し対称な振動分布を有するモード（対称モード，Symmetric mode）であり，－1 の場合は，板厚中心に対し反対称なモード（反対称モード，Anti-symmetric mode）であることが分かる．

5.3.2　分散曲線

式(5.3.16)の解は，SH 板波の場合（式(5.2.13)）のように陽に求めることはできないため，コンピュータを使って求解する．その実数解をプロットしたものが，図 5.9 (a)である．式(5.3.16)中の角周波数 ω と板厚 $2b$（ここでは d とする）は，周波数 f と板厚 d の積としてまとめることができ，周波数軸を fd で書かれることも多い．ある周波数 fd に対する解は有限個の実数解と無限個の複素数解で構成される．一般に，fd 値がごく小さい領域では，1 個の反対称モードと 1 個の対称モードが実数解として得られ，それらを A0, S0　モード（Anti-symmetric, Symmetric 0 次モード）と呼んでいる．また，この 2 つをまとめて基本モード（fundamental mode）と呼ぶこともある．$k = 0,\ c \to \infty,\ c_g = 0$ の周波数値（fd 値）は，カットオフ周波数と呼ばれ，それより低い fd 値では波数解 k が複素数になり，高い fd 値では実数になる．縦軸を位相速度，群速度で示した分散曲線を(b), (c)に示す．また，複素波数解を 3 次元的に示した分散曲線を(d), (e)に示す．

（1）カットオフ周波数

式(5.3.16)に $k = 0$ を代入した場合の fd 値は以下のように求められている．

$$fd = \frac{1}{2}c_T, \frac{3}{2}c_T, \frac{5}{2}c_T, \ldots \quad \text{and} \quad c_L, 2c_L, 3c_L, \ldots \quad \text{for anti-symmetric modes,}$$

$$\text{(5.3.17)}$$

$$fd = c_T, 2c_T, 3c_T, \ldots \quad \text{and} \quad \frac{1}{2}c_L, \frac{3}{2}c_L, \frac{5}{2}c_L, \ldots \quad \text{for symmetric modes.}$$

一般に，位相速度の実数解 c が小さいモードから次数が与えられており，言い換えるとカットオフ周波数の小さい順に A1, A2, ..., S1, S2, ...などという名称で呼ばれることが多い.

（２）極薄・極厚平板（$fd \to 0$ の場合と $fd \to +\infty$ の場合）

$fd \to 0$ の場合，A0 モードの位相速度は $\sqrt{fd}$ に比例し，S0 モードはある一定値に収束することが知られている[3]. すなわち，

$$c_{A0} \to \pi^{1/2}\left\{\frac{E}{3\rho(1-\nu^2)}\right\}^{1/4}(fd)^{1/2} = (2\pi c_T)^{1/2}\left[\frac{1}{3}\left\{1-\left(\frac{c_T}{c_L}\right)^2\right\}\right]^{1/4}(fd)^{1/2},$$

$$c_{S0} \to \sqrt{\frac{E}{\rho(1-\nu^2)}} = 2c_T\sqrt{1-\left(\frac{c_T}{c_L}\right)^2} \quad (\equiv c_{plate}) \;, \quad\quad\quad \text{(5.3.18)}$$

となる. S0 モードが収束する速度 c_{plate} を特に plate velocity と呼ぶこともある.

逆に $fd \to +\infty$ の場合は，0 次の基本モードの位相速度，群速度はレイリー波速度 c_R に漸近し，1 次以上の高次モードは横波速度 c_T に漸近する. これは，高 fd 帯域において 0 次の基本モードの振動分布が表面に集中し，レイリー波のようにふるまうためである. また 1 次以上のモードは，表面の影響を受けず SV 波として長手方向に伝搬することを意味している.

（３）分散曲線の通過定点

分散曲線は他にも以下のような定点を通過することが知られている.

$$(fd, c) = \left(\frac{nc_T}{\sqrt{1-\left(\frac{c_T}{c_L}\right)^2}}, \quad c_L\right), \left(\frac{nc_T}{\sqrt{2}}, \sqrt{2}c_T\right) \quad n = 1, 2, \ldots. \quad\quad \text{(5.3.19)}$$

この定点は，位相速度が一定で，周波数が 2 倍，3 倍となっている. この性質は，材料内の非線形効果により発生する 2 次，3 次高調波が薄板中を伝搬するにつれて累積することを示しており，これを利用した材料評価の研究も進められている[4][5].

（４）カットオフ周波数近傍での特異な現象（群速度ゼロ，負の群速度，非伝搬モード）

カットオフ周波数近傍ではこれまで利用されてこなかった様々な特異な現象があることが分かってきており，新しい研究テーマとなりつつある. たとえば，カットオフ周波数では群速度がゼロになり波長が無限大になる. これは板全体を同位相で振動させていることに対応する. また，図 5.9 (c) 中の S1 モードと S2 モードのカットオフ周波数の間に，群速度の符号が負になる周波数帯域が現れている. これは負の群速度と呼ばれ，位相の進行方向とエネルギの進行方向が逆になるという現象である. この周波数近傍では，振動エネル

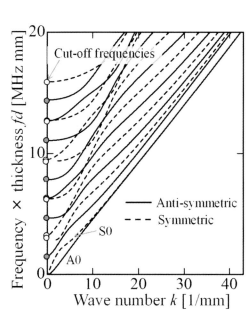

(a) 横軸：波数，縦軸：周波数×板厚の積

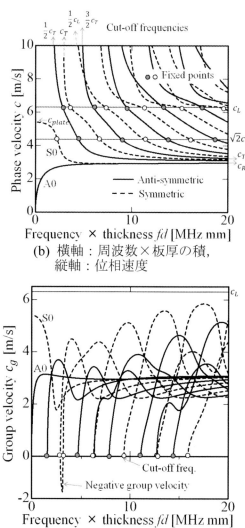

(b) 横軸：周波数×板厚の積，
　　縦軸：位相速度

(c) 横軸：周波数×板厚の積，
　　縦軸：群速度

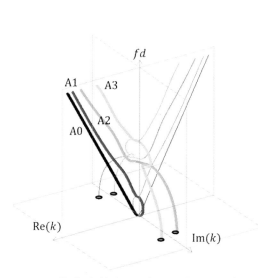

(d) 複素波数表示（反対称モード）

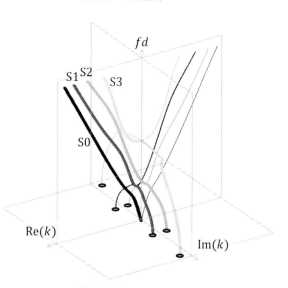

(e) 複素波数表示（対称モード）

図 5.9　アルミニウム合金に対するラム波の分散曲線（$c_L = 6300$ m/s，$c_T = 3100$ m/s）

ギが局所的に留まり板厚方向に共振することが知られており，材料評価などに利用されつつある[6][7]．また後の半解析的有限要素法によるガイド波の数値計算において，このエネルギの進行方向（群速度の符号）により，＋方向と−方向の波に分離する必要があり，位相速度の符号で分離すると，この周波数領域では正しく計算できないので注意が必要である．

また，カットオフ周波数以下では，波数の解が複素数になる．たとえば，その波数が$k_R + ik_I$と表されるとすると，長手方向の振動分布は$e^{-k_I x}e^{ik_R x}$となり，指数関数的に減衰するモードを意味する．これはエバネッセントモード（evanescent mode）と呼ばれ，振動の発生源近傍や反射源近傍にのみ存在するエネルギの伝搬を伴わない振動モードである．

5.3.3 ラム波の振動分布

式(5.3.13)の未知数ベクトル$\begin{pmatrix} A + B \\ C - D \end{pmatrix} = \mathbf{0}, (B = -A,\ D = C)$の場合，ラム波は式(5.3.14)または式(5.3.16)の−1乗の式を満たす波数kで+x方向に伝搬する．このとき，α, βも波数kより求められ，式(5.3.12)より，

$$C = -\frac{(k^2 - \beta^2)\sin\alpha b}{2k\beta \sin\beta b} A \ , \tag{5.3.20}$$

が算出される．このとき式(5.3.4)の変位解は，

$$\begin{aligned}
u_x &= -2(Ak\sin\alpha y + C\beta\sin\beta y)e^{i(kx-\omega t)}, \\
u_y &= 2i(A\alpha\cos\alpha y - Ck\cos\beta y)e^{i(kx-\omega t)},
\end{aligned} \tag{5.3.21}$$

となり，振幅を示す定数Aが決定されれば，変位場が決まる．あるx方向位置x_0における振動を考えると，$u_x(x_0, y) = -u_x(x_0, -y)$，$u_y(x_0, y) = u_y(x_0, -y)$となっており，これは板厚中心$y = 0$に対し反対称な形状の変位分布を示している（図 5.10 (a), (b)参照）．このことから，式(5.2.14)のレイリーラム方程式から求められるモードを，一般に反対称モード（Antisymmetric mode）と呼んでいる．

一方，式(5.3.12)の未知数ベクトル$\begin{pmatrix} A - B \\ C + D \end{pmatrix} = \mathbf{0}, (B = A,\ D = -C)$の場合，式(5.3.15)または式(5.3.16)の+1乗の式より波数kが求められ，式(5.3.13)より

$$C = -\frac{(k^2 - \beta^2)\cos\alpha b}{2k\beta\cos\beta b} A, \tag{5.3.22}$$

となり，式(5.3.4)の変位解は

$$\begin{aligned}
u_x &= 2i(Ak\cos\alpha y + C\beta\cos\beta y)e^{i(kx-\omega t)}, \\
u_y &= -2(A\alpha\sin\alpha y - Ck\sin\beta y)e^{i(kx-\omega t)},
\end{aligned} \tag{5.3.23}$$

のように得られる．同様に，振幅を示す定数Aが決定されれば変位場が決まり，図 5.10 (c),

(d) のように板厚中心$y = 0$に対して対称な形状の変位分布の対称モード（Symmetric mode）を表している.

ラム波の振動分布は，数値計算により波数kが求められた後に決定されるので，SH 板波の振動分布のように簡単に表すことができない. しかし，分散曲線とともに各モードの振動分布はその物理現象と理解する上で非常に有用である.

図 5.10 では分散曲線中の代表点における振動分布を$x - y$面内の変位分布として示した. 群速度分散曲線中の(a)−(k)における振動分布をその周りに示す. 表面のグレーは，x方向またはy方向の変位の強度を表す. 各図についての詳細は，図下の表中に示す. A0 モードの低周波成分(a), (b)では，y方向（面外）振動が大きく，板厚方向の変位分布はほぼ一様な屈曲振動となっている. (a)と(b)では周波数が異なるので，波長の差異は大きい. S0 モードの低周波成分(c), (d)では，x方向（面内）振動が大きい. 特に(c)ではy方向の変位成分はほとんど見られない. また，高周波の A0 モードと S0 モード(e)と(f)は，両表面にエネルギが集中する振動分布を示しており，その音速はレイリー波音速に漸近する. このとき，A0 モードと S0 モードの振動分布の和（または差）を取ると，片側表面のみのレイリー波に一致し，レイリー波は高周波の A0 モードと S0 モードの合成により形成されるとも解釈できる. また，群速度が大きな(d), (g), (h), (i)などの振動分布はx方向に支配的な縦振動となっている. すなわち，群速度が縦波音速c_Lに近い場合には，縦振動が支配的であると言える.

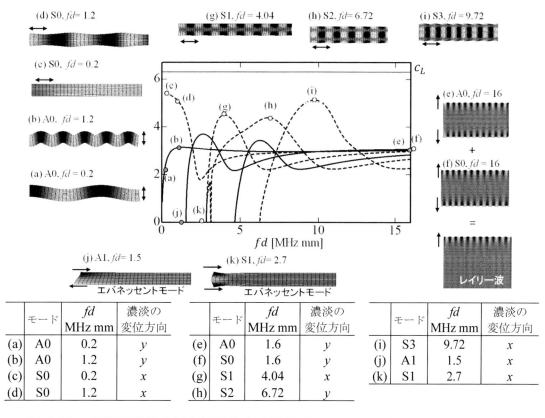

	モード	fd MHz mm	濃淡の変位方向		モード	fd MHz mm	濃淡の変位方向		モード	fd MHz mm	濃淡の変位方向
(a)	A0	0.2	y	(e)	A0	1.6	y	(i)	S3	9.72	x
(b)	A0	1.2	y	(f)	S0	1.6	y	(j)	A1	1.5	x
(c)	S0	0.2	x	(g)	S1	4.04	x	(k)	S1	2.7	x
(d)	S0	1.2	x	(h)	S2	6.72	y				

図 5.10　群速度分散曲線と振動分布の関係（$c_L = 6300$ m/s, $c_T = 3100$ m/s）

5.3.4 ラム波の変位場の一般解

式(5.3.5)の境界条件を満たす厚さ$2b$の薄板中の断面（$x-y$面）内を振動する波動場は，式(5.3.21)および式(5.3.23)で与えられる各モードの和で与えられる．すなわち，

$$u_\tau = \sum_{n=0}^{+\infty} A_n^a\, f^a(k_{an}, y)e^{i(k_{an}x-\omega t)} + \sum_{n=0}^{+\infty} A_n^s\, f^s(k_{sn}, y)e^{i(k_{sn}x-\omega t)},$$

$$u_x = \sum_{n=0}^{+\infty} A_n^a\, g^a(k_{an}, y)e^{i(k_{an}x-\omega t)} + \sum_{n=0}^{+\infty} A_n^s\, g^s(k_{sn}, y)e^{i(k_{sn}x-\omega t)}. \qquad (5.3.24)$$

ここで，添え字の a, s はそれぞれ反対称，対称モードを表しており，f, g は式(5.3.21)および(5.3.23)内のyに関する関数である．これはある角周波数ωの調和波を表すが，さらに時間により変化する過渡的な応答を表す場合には，角周波数ωで積分すればよい．振幅を表す未知定数A_n^a, A_n^sは入射条件により決定される．一般には，次数の大きなモードほど減衰の大きなエバネッセントモード（evanescent mode）であるため全体の波動場への影響が小さく，無視しても問題がないことが多い．

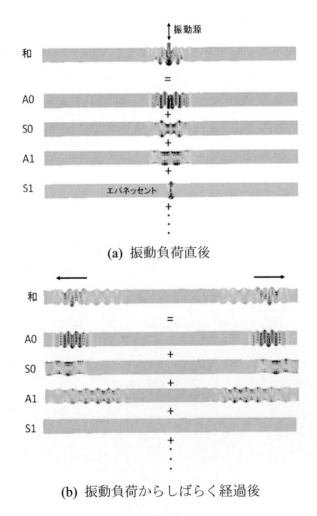

(a) 振動負荷直後

(b) 振動負荷からしばらく経過後

図 5.11　モードの重ね合わせとしてのラム波

　図 5.11 は薄板中央にある周波数の振動を与えた場合のラム波の伝搬を表している．実際の波動場は一番上のように負荷している時間に負荷点で大きな振動が現れ，左右にラム波が複雑に伝搬する．これをモードごとに表示すると，それぞれが反対称，対称な形状を維持して伝搬していることが分かる．それぞれのモードは位相速度，群速度が異なるため，その和で表される実際の波動場が複雑になる．また，音源付近では振動を与えた瞬間のみ S1 モードより高次のエバネッセントモードが影響していることも分かる．

5.3.5　薄板の非破壊検査における分散曲線の利用

　ラム波や SH 板波を用いると波長の数十倍から数百倍もの距離にある欠陥からの反射波を捉えることができ，薄板材料を効率よく検査すること可能である．このとき用いるモードの速度分散が大きい場合（位相速度分散曲線，群速度分散曲線において傾きが大きい場合），そのモードは伝搬に伴い振幅が大きく減少する．図 5.12 は，これまで同様 $c_L = 6300$ m/s, $c_T = 3100$ m/s のアルミニウム合金に対し，左端にパルス状の過渡的な負荷を与えた場合の平板の波動伝搬を示す．一つは $fd = 2.0$ MHz mm において，薄板の左端の上下面に対称な振動を与えることにより S0 モードのみを入射した場合の波動伝搬であり(a)，もう一つは $fd = 1.0$ MHz mm において，薄板上面のみに負荷を与えた場合の伝搬の様子(b)である．右に示した位相速度分散曲線からも分かるように，(a)では S0 モードの分散性が強いため，波束が伝搬するにつれて伸びている様子が分かる．すなわち，周波数の低い（波長の長い）波が先行して伝搬し，周波数の高い（波長の短い）波が遅れて伝搬することから，左端ではパルス状の波形が右へ伝搬するにつれて広がっていくということが起こっている．(b)では伝搬速度の遅い A0 モードと速い S0 モードが左端で同時に励振され，伝搬するにつれ，その速度の違いより分離する様子が分かる．

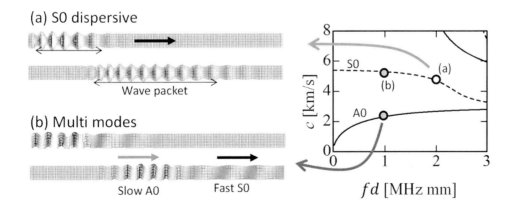

図 5.12　ラム波の分散性と多モード性の例

　このような現象が起こると，欠陥からの反射波形の解析が非常に難しくなるため，ガイド波を用いた非破壊検査では，通常，単一の分散性の小さなモードを利用するように工夫している．単一のモードを送受信するために，最も広く用いられるのが斜角ウェッジを用いた斜角入射法である．ウェッジの縦波音速をc_wとすると，ウェッジ内を伝搬する縦波の波長は，$\lambda_w = c_w / f$ であり，この波が板表面に応力分布を形成する．図5.13に示すように入射角がθ の場合には，板表面の応力は $\lambda_w / \sin\theta$ の周期で分布するので，$\lambda = \lambda_w / \sin\theta$の波長の波が卓越して形成される．これが位相速度$c$のラム波の波長に一致するとき，すなわち

$$\frac{\lambda_w}{\sin\theta} = \frac{c}{f}(=\lambda) \qquad \therefore \quad \sin\theta = c_w/c \quad , \tag{5.3.25}$$

の関係が得られる．これは，透過側の屈折角を 90° とした場合のスネルの法則に他ならず，ウェッジの角度をこの θ に調整することにより，位相速度c のラム波を卓越して励振することができる．ただし，図5.13の場合，表面に形成される応力分布の左端から次第に所望のラム波モードが形成されて右へ伝搬し，応力分布の右端でそれ以外のモードは低減されて，所望のモードのみが大きくなっている必要があるので，この応力分布区間はある程度の長さが必要である．このような斜角ウェッジを利用して，レイリー波や SH 板波も送信することができ，文献[8]によると，レイリー波の形成に 10 波長分程度の負荷領域が必要であるとの記載がある．逆に，このように応力分布を与えることができれば，斜角入射法でなくてもガイド波の励振は可能であり，所望のガイド波モードの波長に合わせて振動を与える櫛状トランスデューサ（comb type transducer）などは弾性波素子の分野で広く利用されている．

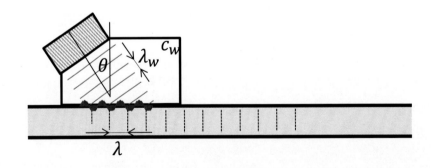

図 5.13　斜角入射によるラム波の励振

　また，ウェッジの音速c_wがラム波モードの音速cよりも大きい場合には，そのモードを効果的に励振することはできない．たとえばウェッジ素材によく利用されるアクリルの縦波音速はおおよそ 2730 m/s であり，この場合，多くの材料で低周波の A0 モードが励振でき

ないということが起こる．一方，テフロンは縦波音速が 1350 m/s と樹脂系の材料の中で極めて小さいので，ウェッジ素材への利用が有効であることがある．また，最近では性能のよい空中超音波探触子が開発されており，その空中超音波探触子の周波数帯域と利用する周波数帯域が合致する場合には，空気の音速が 345 m/s 程度と非常に小さいので，低周波の A0 モードを励振するのに効果的である．また，この場合には角度の微調整も簡単に行えるので，温度による空気音速の変化もほとんどの場合，問題にならない．

5.4 固体-固体界面を伝搬するガイド波（ストンリー波）

レイリー波は自由境界に沿って伝搬するガイド波であり，ラム波は板に沿って伝搬するガイド波であった．このようなガイド波以外に，接合界面上でもその界面に沿って伝搬する波動を観測することがある．ここでは，図 5.14 のように均質な 2 つの半無限等方弾性体が $y = 0$ の面で接している場合に $x - y$ 面内に変位する界面波（ストンリー波，Stoneley wave）を考える．

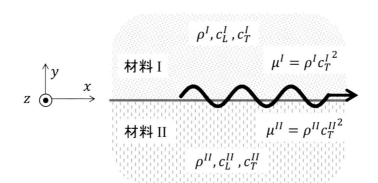

図 5.14　半無限弾性体の界面を伝搬するストンリー波

$y > 0$ の領域を材料 I とし，右上添え字に I をつけて表し，$y < 0$ の領域を材料 II とし，添え字に II をつけて表すこととする．レイリー波の場合と同様，x 方向に界面に沿って位相速度 c，波数 k $(k = \omega/c)$ で伝搬する角周波数 ω の調和振動場を考える．式(5.1.1)より，各領域の変位場は変位ポテンシャルにより以下のようにかける．

$$
\begin{aligned}
u_x^I &= \frac{\partial \Phi^I}{\partial x} + \frac{\partial \Psi_z^I}{\partial y}, & u_y^I &= \frac{\partial \Phi^I}{\partial y} - \frac{\partial \Psi_z^I}{\partial x}, \\
u_x^{II} &= \frac{\partial \Phi^{II}}{\partial x} + \frac{\partial \Psi_z^{II}}{\partial y}, & u_y^{II} &= \frac{\partial \Phi^{II}}{\partial y} - \frac{\partial \Psi_z^{II}}{\partial x}.
\end{aligned}
\tag{5.4.1}
$$

式(5.1.4)より，ストンリー波の変位ポテンシャルは，レイリー波の場合と同様に以下のようにおくことができる．

$$\Phi^I = f^I(y)\exp\{i(kx - \omega t)\} \quad ,$$
$$\Psi^I_z = h^I(y)\exp\{i(kx - \omega t)\} \quad ,$$
$$\Phi^{II} = f^{II}(y)\exp\{i(kx - \omega t)\} \quad , \tag{5.4.2}$$
$$\Psi^{II}_z = h^{II}(y)\exp\{i(kx - \omega t)\} \quad .$$

これらを波動方程式(5.1.2)に代入すると，領域 I, II において，それぞれ式(5.1.5)の微分方程式が得られ，式(5.1.6)の一般解が与えられる．一般解の項のうち，$y = 0$ の界面に局在する波動場のみを考えると，

$$f^I(y) = Ce^{-\alpha^I y}, \qquad h^I(y) = De^{-\beta^I y},$$
$$f^{II}(y) = Ee^{\alpha^{II} y}, \qquad h^{II}(y) = Fe^{\beta^{II} y}, \tag{5.4.3}$$
$$\alpha^{I,II} = \sqrt{k^2 - \omega^2/c_L^{I,II^2}}, \qquad \beta^{I,II} = \sqrt{k^2 - \omega^2/c_T^{I,II^2}},$$

となる．ここで，$C - F$ は任意定数であり，平方根内は正の範囲を考えるとする．式(5.1.1)より領域 I, II における変位は，

$$u_x^I = \left(ikCe^{-\alpha^I y} - \beta^I De^{-\beta^I y}\right)e^{i(kx - \omega t)} \quad ,$$
$$u_y^I = \left(-\alpha^I Ce^{-\alpha^I y} - ikDe^{-\beta^I y}\right)e^{i(kx - \omega t)} \quad ,$$
$$u_x^{II} = \left(ikEe^{\alpha^{II} y} + \beta^{II} Fe^{-\beta^{II} y}\right)e^{i(kx - \omega t)} \quad , \tag{5.4.4}$$
$$u_y^{II} = \left(\alpha^{II} Ee^{\alpha^{II} y} - ikFe^{\beta^{II} y}\right)e^{i(kx - \omega t)} \quad ,$$

となり，y 方向に法線を持つ面に関する応力 σ_y, τ_{xy} は，式(4.3.5)より

$$\sigma_y^I = \rho^I c_T^{I\,2}\left[\left(k^2 + \beta^{I^2}\right)Ce^{-\alpha^I y} + 2i\beta^I kDe^{-\beta^I y}\right]e^{i(kx - \omega t)} \quad ,$$
$$\sigma_y^{II} = \rho^{II} c_T^{II\,2}\left[\left(k^2 + \beta^{II^2}\right)Ee^{\alpha^{II} y} - 2i\beta^{II} kFe^{\beta^{II} y}\right]e^{i(kx - \omega t)} \quad ,$$
$$\tau_{xy}^I = \rho^I c_T^{I\,2}\left[-2i\alpha^I kCe^{-\alpha^I y} + (k^2 + \beta^{I^2})De^{-\beta^I y}\right]e^{i(kx - \omega t)} \quad , \tag{5.4.5}$$
$$\tau_{xy}^{II} = \rho^{II} c_T^{II\,2}\left[2i\alpha^{II} kEe^{\alpha^{II} y} + (k^2 + \beta^{II^2})Fe^{-\beta^{II} y}\right]e^{i(kx - \omega t)} \quad ,$$

と表せる．ここで $y = 0$ の界面における変位および応力の連続条件 $u_x^I = u_x^{II}$, $u_y^I = u_y^{II}$, $\sigma_y^I = \sigma_y^{II}$, $\tau_{xy}^I = \tau_{xy}^{II}$ より，以下の4式が得られる．

$$\begin{bmatrix} ik & -\beta^I & -ik & -\beta^{II} \\ -\alpha^I & -ik & -\alpha^{II} & ik \\ \rho^I c_T^{I\,2}(k^2 + \beta^{I^2}) & 2i\rho^I c_T^{I\,2}\beta^I k & -\rho^{II} c_T^{II\,2}(k^2 + \beta^{II^2}) & 2i\rho^{II} c_T^{II\,2}\beta^{II} k \\ -2i\rho^I c_T^{I\,2}\alpha^I k & \rho^I c_T^{I\,2}(k^2 + \beta^{I^2}) & -2i\rho^{II} c_T^{II\,2}\alpha^{II} k & -\rho^{II} c_T^{II\,2}(k^2 + \beta^{II^2}) \end{bmatrix} \begin{bmatrix} C \\ D \\ E \\ F \end{bmatrix} = 0. \tag{5.4.6}$$

この式において非自明な解が得られるための条件として，式中 4×4 行列の行列式=0 が成立する．上式では 4×4 行列は複素数であるが，1，4 行目の虚数単位 i を係数 C, E に持つ

ていき，2，3 列目の式全体を i で割ることで，以下のような実行列の形となる．

$$
\begin{bmatrix}
k & -\beta^I & -k & -\beta^{II} \\
\alpha^I & -k & \alpha^{II} & k \\
-\mu^I(k^2+\beta^{I^2}) & 2\mu^I\beta^I k & \mu^{II}(k^2+\beta^{II^2}) & 2\mu^{II}\beta^{II}k \\
-2\mu^I\alpha^I k & \mu^I(k^2+\beta^{I^2}) & -2\mu^{II}\alpha^{II}k & -\mu^{II}(k^2+\beta^{II^2})
\end{bmatrix}
\begin{bmatrix}
iC \\ D \\ iE \\ F
\end{bmatrix} = 0
$$

$$(5.4.7)$$

さらに，1，2 行目の式をωで割り，3，4 行目の式をω^2で割ることで，角周波数ωを含まない形で書くことができる．つまり，この行列式の解として得られるストンリー波は周波数に依存しない位相速度を有する非分散の波といえる．

ここで，タングステンとアルミニウム合金の組み合わせを考えてみる．それぞれの材料定数として，表 5.1 に示した量を用いた場合，式(5.4.7)の行列式=0 から，ストンリー波の位相速度c は 2773 m/s と求められる．上式の行列式は，材料の組み合わせによっては実数解として求められないことがあり，その場合は，ストンリー波として伝搬する波動場は存在しない．たとえば，領域 I, II が同じ材料の場合には，界面が存在しておらず，$y=0$ の面に局在しながら沿って伝搬する波動場も存在しない．

式(5.4.7)の行列式=0 から求められた波数k や位相速度cを式(5.4.7)に代入すると，任意の 3 つの式が独立した式となる．そこで，上 3 行の式に対し，全体にFで割った場合，

$$
\begin{bmatrix}
k & -\beta^I & -k & -\beta^{II} \\
\alpha^I & -k & \alpha^{II} & k \\
-\mu^I(k^2+\beta^{I^2}) & 2\mu^I\beta^I k & \mu^{II}(k^2+\beta^{II^2}) & 2\mu^{II}\beta^{II}k
\end{bmatrix}
\begin{bmatrix}
iC/F \\ D/F \\ iE/F \\ 1
\end{bmatrix} = 0
$$

$$(5.4.8)$$

ただし，上式においてk はストンリー波の波数としている．このとき以下のように変形できる．

$$
\begin{bmatrix}
k & -\beta^I & -k \\
\alpha^I & -k & \alpha^{II} \\
-\mu^I(k^2+\beta^{I^2}) & 2\mu^I\beta^I k & \mu^{II}(k^2+\beta^{II^2})
\end{bmatrix}
\begin{bmatrix}
C' \\ D' \\ E'
\end{bmatrix} = -
\begin{bmatrix}
-\beta^{II} \\ k \\ 2\mu^{II}\beta^{II}k
\end{bmatrix}
$$

$$(5.4.9)$$

ただし，$C'=iC/F, D'=D/F, E'=iE/F$である．上式の連立方程式を解くことにより，係数C, D, EがFとの比として求めることができる．この係数値を式(5.4.4), (5.4.5)に代入することで，任意位置における変位および応力を求めることができる．

図 5.15 は，表 5.1 に示した材料定数のタングステンとアルミニウム合金界面におけるストンリー波のy方向の分布を変位に対して表したものである．界面付近に振動分布が局在している様子が分かる．

表 5.1　ストンリー波の計算に用いた材料定数

	密度 (kg/m³)	縦波音速 (m/s)	横波音速 (m/s)	μ
材料 1 （タングステン）	$\rho^I = 19300$	$c_L^I = 5180$	$c_T^I = 2870$	$\mu^I = \rho^I c_T^{I\,2}$
材料 2 （アルミニウム合金）	$\rho^I = 2700$	$c_L^{II} = 6300$	$c_T^{II} = 3100$	$\mu^{II} = \rho^{II} c_T^{II\,2}$

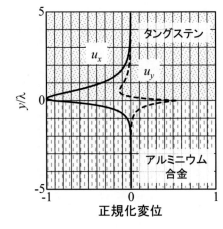

図 5.15　ストンリー波の振動分布（タングステン－アルミニウム合金の例）

5.5　液体-固体界面を伝搬するガイド波（ショルテ波）

　液体と固体の界面に沿って伝搬し，その界面付近にエネルギが局在する波動場はショルテ波（Scholte wave）として知られている．ここでは図 5.16 のように半無限の均質一様な等方弾性体の上に完全流体が$y = 0$上で接している場合に，$x - y$面内を$y = 0$近傍に局在しながら振動し，x方向に伝搬する波動場を考える．これは前節のショルテ波の場合において，領域 I の横波成分を消去した場合に対応する．つまり，式(5.4.2)において$\Psi_z^I = 0$，式(5.4.3)において$D = 0$とし，$\mu^I = 0$，$c_T^I = 0$とすることに対応する．ここで，β^Iは分母に 0 を含むので後の式では使わないようにする．$y = 0$の界面における条件は，$u_y^I = u_y^{II}$，$\sigma_y^I = \sigma_y^{II}$，$\tau_{xy}^{II} = 0$となるので，以下の 3 式が得られる．

$$\begin{bmatrix} \alpha^I & \alpha^{II} & k \\ \rho^I \omega^2 & \mu^{II}(k^2 + \beta^{II\,2}) & 2\mu^{II}\beta^{II}k \\ 0 & -2\mu^{II}\alpha^{II}k & -\mu^{II}(k^2 + \beta^{II\,2}) \end{bmatrix} \begin{bmatrix} C' \\ E' \\ 1 \end{bmatrix} = 0 \qquad (5.5.1)$$

ただし，C, E, Fは式(5.4.3)中の任意定数であり，$C' = iC/F$，$E' = iE/F$である．前節同様に，式(5.5.1)中の 3×3 行列の行列式を解くことにより，ショルテ波の波数kもしくは位相速度cを算出することができる．また，第 1 式をωで割り，第 2，第 3 式をω^2で割ると式(5.5.1)に角周波数を含む項がすべてなくなることが分かる．つまり，ショルテ波は位相速度が周波数に依存しない非分散の波動であるといえる．この算出された波数を使うと，式

(5.5.1)中の 2 式が独立であり，上の 2 式から

$$\begin{bmatrix} \alpha^I & \alpha^{II} \\ \rho^I \omega^2 & \mu^{II}(k^2 + \beta^{II2}) \end{bmatrix} \begin{bmatrix} C' \\ E' \end{bmatrix} = - \begin{bmatrix} k \\ 2\mu^{II}\beta^{II}k \end{bmatrix} \tag{5.5.2}$$

となる．この連立方程式から C', E' が求められ，式(5.4.4)に代入すると変位解が算出できる．

図 5.17 は，表 5.2 のように領域 I に水，領域 II にアルミニウム合金を設定したときのショルテ波の振動分布である．この波動は，固体材料表面に沿って伝搬するため，液中への漏えいによる減衰が全くなく，液体材料中で大きく振動し固体中はほとんど振動しない．このことから，液体の特性評価には利用されることがあるが，固体材料の非破壊評価への利用はほとんど見られない．

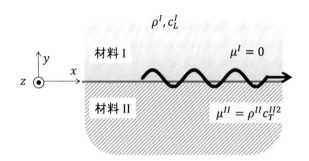

図 5.16　液体－固体界面を伝搬する Scholte 波

表 5.2　ショルテ波の計算に用いた材料定数

	密度 $(\mathrm{kg/m^3})$	縦波音速 $(\mathrm{m/s})$	横波音速 $(\mathrm{m/s})$	μ
材料 1 （水）	$\rho^I = 1000$	$c_L^I = 1500$	-	$\mu^I = 0$
材料 2 （アルミニウム合金）	$\rho^I = 2700$	$c_L^{II} = 6300$	$c_T^{II} = 3100$	$\mu^{II} = \rho^{II} c_T^{II2}$

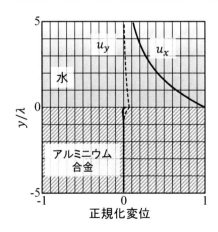

図 5.17　液体－固体界面を伝搬するショルテ波（水－アルミニウム合金の例）

5.6 液体-固体界面を伝搬するレイリー波（漏えいレイリー波）

固体材料表面に液体が接している場合，レイリー波は液中にエネルギを漏えいさせながら伝搬する．この波動は漏えいレイリー波（Leaky Rayleigh wave）と呼ばれ，超音波顕微鏡や水浸法による材料評価などに利用されている．

図 5.18 のように完全流体と等方弾性体が$y = 0$で接しており，その界面上を$x - y$面内を振動するレイリー波のような波動が伝搬するとする．図5.1のレイリー波の場合に合わせ，等方弾性体は$y > 0$の領域内に，完全流体は$y < 0$にあるものとし，等方弾性体を材料 II，完全流体を材料 I として，右肩添え字 *I, II* により区別する．このとき$y < 0$の領域 I にある完全流体中には縦波が放射していく．

領域 II 中の支配方程式はレイリー波の場合と全く同じであり，ヘルムホルツ分解による変位の式は，

$$u_x^{II} = \frac{\partial \Phi^{II}}{\partial x} + \frac{\partial \Psi_z^{II}}{\partial y} \quad , \qquad u_y^{II} = \frac{\partial \Phi^{II}}{\partial y} - \frac{\partial \Psi_z^{II}}{\partial x} \quad , \tag{5.6.1}$$

となる．式中の変位ポテンシャルは，漏えいレイリー波の波数をkとした場合，

$$\begin{aligned}
\Phi^{II} &= f^{II}(y)\exp\{i(kx - \omega t)\} \quad , \\
\Psi_z^{II} &= h^{II}(y)\exp\{i(kx - \omega t)\} \quad , \\
f^{II}(y) &= Ce^{-\alpha^{II}y}, \quad h^{II}(y) = De^{-\beta^{II}y} \qquad \text{at} \qquad y > 0 \quad , \\
\alpha^{II} &= \sqrt{k^2 - \omega^2/c_L^{II^2}} \quad , \qquad \beta^{II} = \sqrt{k^2 - \omega^2/c_T^{II^2}} \quad ,
\end{aligned} \tag{5.6.2}$$

と表せる．ここで平方根内は正の範囲に限られる．式(5.6.2)を式(5.6.1)に代入すると，領域 II における変位は，

$$\begin{aligned}
u_x^{II} &= \left(ikCe^{-\alpha^{II}y} - \beta^{II}De^{-\beta y}\right)e^{i(kx-\omega t)}, \\
u_y^{II} &= \left(-\alpha Ce^{-\alpha^{II}y} - ikDe^{-\beta^{II}y}\right)e^{i(kx-\omega t)},
\end{aligned} \tag{5.6.3}$$

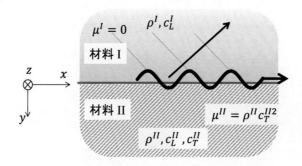

図 5.18　液中に漏えいしながら伝搬するレイリー波

となる．式(4.3.5)より，界面の境界条件に関連する応力成分は，

$$\sigma_y^{II} = \rho^{II} c_T^{II\,2} \left[(k^2 + \beta^{II\,2})Ce^{-\alpha^{II}y} + 2i\beta^{II}kDe^{-\beta^{II}y}\right]e^{i(kx-\omega t)},$$

$$\tau_{xy}^{II} = \rho^{II} c_T^{II\,2} \left[-2i\alpha^{II}kCe^{-\alpha^{II}y} + (k^2 + \beta^{II\,2})De^{-\beta^{II}y}\right]e^{i(kx-\omega t)},$$

$$\tag{5.6.4}$$

である．

　一方，領域 I の完全流体中では，せん断弾性係数 $\mu^I = 0$（$c_T^I = 0$）であり，横波成分に関する項が消去される．すなわち，$\Psi_z^I = 0$であるので，

$$u_x^I = \frac{\partial \phi^I}{\partial x} \quad , \qquad u_y^I = \frac{\partial \phi^I}{\partial y} \quad , \tag{5.6.5}$$

ここで，領域 I と II の界面をx方向に伝搬する波動を仮定しているので，変位ポテンシャルは

$$\Phi^I = f^I(y)\exp\{i(kx - \omega t)\} \quad , \tag{5.6.6}$$

と記述することが可能である．これを波動方程式(4.3.28)に代入すると，

$$\frac{d^2 f^I}{dy^2} + \alpha^{I\,2} f^I = 0, \qquad \alpha^{I\,2} = \frac{\omega^2}{c_L^{I\,2}} - k^2 \quad , \tag{5.6.7}$$

となり，この部分方程式の一般解として以下が得られる．

$$f^I(x_2) = Ee^{-i\alpha^I y} + Fe^{i\alpha^I y} \qquad \text{at} \qquad y < 0 \ . \tag{5.6.8}$$

ここで，$\omega^2/c_L^{I\,2} - k^2 > 0$として$\alpha^I = \sqrt{\omega^2/c_L^{I\,2} - k^2}$とすると，上式の右辺第 2 項は板表面から$+y$方向に伝搬する波（界面に向かってくる波）を表すことになるため，ここでは式(5.6.8)中のFは 0 とする．したがって，完全流体中の領域 I における変位は，

$$u_x^I = ikEe^{i(kx - \alpha^I y - \omega t)}, \quad u_y^I = -i\alpha^I Ee^{i(kx - \alpha^I y - \omega t)}, \tag{5.6.9}$$

となる．このとき流体中の応力（圧力）は，式(4.3.5)より

$$\sigma_y^{\mathrm{I}} = \rho^I c_L^{I\,2} \left(\frac{\partial^2 \Phi^I}{\partial x^2} + \frac{\partial^2 \Phi^I}{\partial y^2}\right)$$

$$= \rho^I c_L^{I\,2} \left(-k^{I\,2} - \alpha^{I\,2}\right) Ee^{i(kx - \alpha y - \omega t)} = -\rho^I \omega^2 Ee^{i(kx - \alpha y - \omega t)}, \tag{5.6.10}$$

となる．

　$y = 0$において，y方向の変位の連続性，垂直応力の連続性，せん断応力 0 が成り立つので，境界条件は，

$$u_y^I = u_y^{II}, \qquad \sigma_y^I = \sigma_y^{II}, \qquad \tau_{xy}^{II} = 0 \qquad \text{at} \qquad y = 0 \ , \qquad (5.6.11)$$

の3式である．これより以下の式が得られる．

$$\begin{bmatrix} \alpha^{II} & ik & -i\alpha^I \\ \mu^{II}(k^2 + \beta^{II^2}) & 2i\mu^{II}\beta^{II}k & \rho^I\omega^2 \\ -2i\alpha^{II}k & k^2 + \beta^{II^2} & 0 \end{bmatrix} \begin{bmatrix} C \\ D \\ E \end{bmatrix} = \mathbf{0} \qquad (5.6.12)$$

この式が非自明解を有するための必要十分条件として，式中 3×3 行列の行列式=0 となればよく，

$$\left(k^2 + \beta^{II^2}\right)^2 - 4\alpha^{II}\beta^{II}k^2 = -i\frac{\rho^I}{\rho^{II}}\frac{\alpha^{II}}{\alpha^I}\frac{\omega^4}{c_T^{II^4}} \ , \qquad (5.6.13)$$

という漏えいレイリー波の特性方程式が得られる．この式も全体をω^4で割れば周波数に関する項がなくなるので，漏えいレイリー波は非分散であることが分かる．また，この式に対し$\rho^I = 0$とすれば，自由表面を伝搬するレイリー波の特性方程式(5.1.14)となっている．

たとえば，表 5.3 に示すような水‐アルミ合金の界面を伝搬する漏えいレイリー波の場合，波数は複素数で得られ，$k = \mathrm{Re}(k) + i\mathrm{Im}(k)$とすると，$c = \omega/\mathrm{Re}(k)$ から得た位相速度は 2905 m/s となり，減衰を示す虚部の比 $\mathrm{Im}(k)/\mathrm{Re}(k)$ は 0.02975 となる．

表 5.3　漏えいレイリー波の計算に用いた材料定数

	密度 (kg/m^3)	縦波音速 (m/s)	横波音速 (m/s)	μ
材料 1 （水）	$\rho^I = 1000$	$c_L^I = 1500$	-	$\mu^I = 0$
材料 2 （アルミニウム合金）	$\rho^I = 2700$	$c_L^{II} = 6300$	$c_T^{II} = 3100$	$\mu^{II} = \rho^{II}c_T^{II^2}$

5章の参考文献

[1]　I. A. Viktorov, *Rayleigh and Lamb wave*, Springer, reprint of the original 1st ed. 1967, 2013, p.3

[2]　K. F. Graff, *Wave motion in elastic solids*, Dover 1991, p.441

[3]　K. F. Graff, *Wave motion in elastic solids*, Dover 1991, p.448

[4]　M. F. Müller, J.-Y. Kim, J. Qu, and L. J. Jacobs, "Characteristics of second harmonic generation of Lamb waves in nonlinear elastic plates," J. Acoust. Soc. Am., vol. 127, 2010, p. 2141

[5]　N. Matsuda and S. Biwa, "Phase and group velocity matching for cumulative harmonic generation in Lamb waves," J. Appl. Phys., vol. 109, no. 9, 2011, p.094903

[6]　根岸勝雄，「ラム波における負の群速度について」，第 7 回超音波エレクトロニクスシンポジウム講演予稿集，1985, p.91.

[7]　Q. Xie et al., "Imaging gigahertz zero-group-velocity Lamb waves," Nat. Commun., vol. 10, no. 1, 2019, p. 1

[8]　I. A. Viktorov, *Rayleigh and Lamb wave,* Springer, reprint of the original 1st ed. 1967, 2013, p.12

6. 弾性波伝搬の数値計算

第3〜5章で述べたような弾性波伝搬理論に基づく解析は，周波数や音速，入射角といった各パラメータが反射率や透過率に与える影響を評価するのには，非常に有効な手段であった．しかし，陽に解が得られるケースは限られており，第3〜5章において対象とした構造は無限媒体や半無限媒体，平板などの単純な形状である上，その材質も等方弾性体に限定して議論した．

一方で，コンピュータの進歩に伴い，弾性波動の理論では取り扱えなかった複雑形状中や異方性材料中の波動伝搬を詳細に計算できるようになってきている．古くは，地震学の分野で盛んに研究されていたが，近年では，超音波非破壊検査のための波動伝搬シミュレーションソフトウェアも充実してきており，汎用的な解析ツールとして利用されている．

本章では，特に弾性波動の数値解析に広く利用される有限差分法と有限要素法を取り上げ，その原理および特徴について概説する．

6.1 有限差分法による弾性波伝搬の数値計算

有限差分法（差分法）は，偏微分方程式をそのまま差分式に置き換えて，計算プロセスに乗せるので，その原理は簡単で理解しやすい．もし弾性波伝搬の数値計算をゼロからスタートさせるのであれば，1次元の波動方程式を差分法で解いてみるところから始めるのがよいかもしれない．

6.1.1 有限差分法の基本原理

弾性波の伝搬現象は，Navier の式のような微分方程式として表すことができる．このような微分方程式をそのまま差分式に近似することで，時間ステップごとに変位や速度場を計算することが可能となる．このような計算手法は有限差分法（Finite difference method）あるいは単に差分法と呼ばれ，古くから超音波伝搬解析[1], [2]以外にも地震波や電磁波の解析に用いられてきた．

有限差分法における微分方程式の差分化は，テイラー展開を用いて行われる．図6.1のように空間または時間を等間隔Δxごとに分割（離散化）し，m番目の節点位置を$x = x_m$とする．このとき，空間上のある変数 $u(x_m + \Delta x)$, $u(x_m - \Delta x)$について$x = x_m$まわりのテイラー展開を施すと，

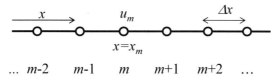

図 6.1　空間または時間の離散化

$$u(x_m + \Delta x) = u(x_m) + \Delta x \frac{\partial u}{\partial x}\bigg|_{x=x_m} + \frac{1}{2!}(\Delta x)^2 \frac{\partial^2 u}{\partial x^2}\bigg|_{x=x_m}$$
$$+ \frac{1}{3!}(\Delta x)^3 \frac{\partial^3 u}{\partial x^3}\bigg|_{x=x_m} + \frac{1}{4!}(\Delta x)^4 \frac{\partial^4 u}{\partial x^4}\bigg|_{x=x_m} + \cdots,$$

$$u(x_m - \Delta x) = u(x_m) - \Delta x \frac{\partial u}{\partial x}\bigg|_{x=x_m} + \frac{1}{2!}(\Delta x)^2 \frac{\partial^2 u}{\partial x^2}\bigg|_{x=x_m}$$
$$- \frac{1}{3!}(\Delta x)^3 \frac{\partial^3 u}{\partial x^3}\bigg|_{x=x_m} + \frac{1}{4!}(\Delta x)^4 \frac{\partial^4 u}{\partial x^4}\bigg|_{x=x_m} + \cdots,$$

$$(6.1.1)$$

となる．式(6.1.1)の上式と下式の差をとることで，変数uのxに関する1階微分項は，

$$\frac{\partial u}{\partial x}\bigg|_{x=x_m} = \frac{u(x_m + \Delta x) - u(x_m - \Delta x)}{2\Delta x} - \frac{1}{6}(\Delta x)^2 \frac{\partial^3 u}{\partial x^3}\bigg|_{x=x_m} + \cdots \quad (6.1.2)$$

となり，同様に式(6.1.1)の和をとることで，変数uのxに関する2階微分項は，

$$\frac{\partial^2 u}{\partial x^2}\bigg|_{x=x_m} = \frac{u(x_m + \Delta x) + u(x_m - \Delta x) - 2u(x_m)}{(\Delta x)^2} - \frac{1}{12}(\Delta x)^2 \frac{\partial^4 u}{\partial x^4}\bigg|_{x=x_m} + \cdots$$

$$(6.1.3)$$

と書ける．$x = x_m$における変数値 $u(x_m) = u_m$とおいて，式(6.1.2), (6.1.3)を書き直すと，1階および2階の微分が以下のように求められる．

$$\frac{\partial u}{\partial x}\bigg|_{x=x_m} = \frac{u_{m+1} - u_{m-1}}{2\Delta x} + O[(\Delta x)^2] \quad (6.1.4)$$

$$\frac{\partial^2 u}{\partial x^2}\bigg|_{x=x_m} = \frac{u_{m+1} + u_{m-1} - 2u_m}{(\Delta x)^2} + O[(\Delta x)^2] \quad (6.1.5)$$

ここで，$O[(\Delta x)^2]$は$(\Delta x)^2$以降の項を意味し，Δxが小さい場合には$(\Delta x)^2$オーダ程度の余剰項であることを示す．$O[(\Delta x)^2]$以下の打ち切り誤差を認めると，1階および2階の微分は隣接する点での値を用いて以下のように近似（差分化）できる．

$$\frac{\partial u}{\partial x}\bigg|_{x=x_m} \cong \frac{u_{m+1} - u_{m-1}}{2\Delta x} \quad (6.1.6)$$

$$\frac{\partial^2 u}{\partial x^2}\bigg|_{x=x_m} \cong \frac{u_{m+1} + u_{m-1} - 2u_m}{(\Delta x)^2} \quad (6.1.7)$$

　上式以外にも，種々の精度で微分項の差分化は可能である．例えば，式(6.1.1)より1階微分項は

$$\frac{\partial u}{\partial x}\bigg|_{x=x_m} = \frac{u_{m+1} - u_m}{\Delta x} + O[\Delta x], \qquad \frac{\partial u}{\partial x}\bigg|_{x=x_m} = \frac{u_m - u_{m-1}}{\Delta x} + O[\Delta x], \quad (6.1.8)$$

のような形でも表すことができる．式(6.1.6)，(6.1.7)を中央差分（または中心差分）と呼ぶのに対し，式(6.1.8)はそれぞれ前進差分，後退差分と呼ばれる．式(6.1.6)と式(6.1.8)の比較から分かる通り，中央差分の方は前進・後退差分よりも精度よく近似できるが，1 階微分の計算には$x = x_m$から$\pm\Delta x$ 離れた2 点を要する．それに対し，前進・後退差分では$x = x_m$の点の値の他にΔx 離れた1 点で1 階微分の近似値を計算できるという特長を有する．

　ここで，差分法による弾性波伝搬の数値計算の1 例として，図 6.2 に示すような均質等方弾性材料中のz方向の変位のみが存在する SH 波（Shear Horizontal wave）の伝搬について考える．z軸方向に一様であるとすると，Navier の式は，$u_x = u_y = \partial/\partial z = 0$として，以下のように表される．

$$\frac{\partial^2 u_z}{\partial x^2} + \frac{\partial^2 u_z}{\partial y^2} = \frac{1}{c_T^2}\frac{\partial^2 u_z}{\partial t^2} \ . \tag{6.1.9}$$

図 6.3 に示すように，空間x, y方向および時間 t 方向にそれぞれ$\Delta x, \ \Delta y, \ \Delta t$ の間隔で分割し，それぞれ，i, j, k 番目の$(x, y, t) = (\Delta x \cdot i, \Delta y \cdot j, \Delta t \cdot k)$の$z$方向の変位$u_z$を$u_{i,j}^k$とおく．このとき，式(6.1.7)の2 階微分に関する差分式を式(6.1.9)に適用すると，

$$\frac{u_{i+1,j}^k + u_{i-1,j}^k - 2u_{i,j}^k}{(\Delta x)^2} + \frac{u_{i,j+1}^k + u_{i,j-1}^k - 2u_{i,j}^k}{(\Delta y)^2} = \frac{1}{c_T^2}\frac{u_{i,j}^{k+1} + u_{i,j}^{k-1} - 2u_{i,j}^k}{(\Delta t)^2}, \tag{6.1.10}$$

となり，この式を整理すると，次の時間ステップ$k+1$における(i,j)点の変位$u_{i,j}^{k+1}$は，

$$u_{i,j}^{k+1} = 2u_{i,j}^k - u_{i,j}^{k-1} + c_T^2\left(\frac{\Delta t}{\Delta x}\right)^2\left(u_{i+1,j}^k + u_{i-1,j}^k - 2u_{i,j}^k\right)$$
$$+ c_T^2\left(\frac{\Delta t}{\Delta y}\right)^2\left(u_{i,j+1}^k + u_{i,j-1}^k - 2u_{i,j}^k\right) , \tag{6.1.11}$$

のように，現在および一つ前の時間ステップ$k, k-1$おける(i,j)点の変位およびその周辺

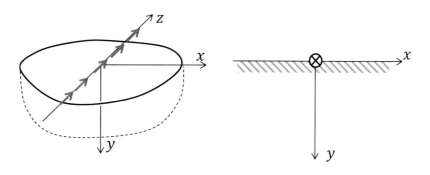

図 6.2　z 方向のみに成分を持つ SH 波

$(i\pm1,j),(i,j\pm1)$ の変位において表現することができる．この計算をすべての空間格子点および時間ステップにおいて繰り返すことにより，式(6.1.9)で表される SH 波の波動場を計算することができる．

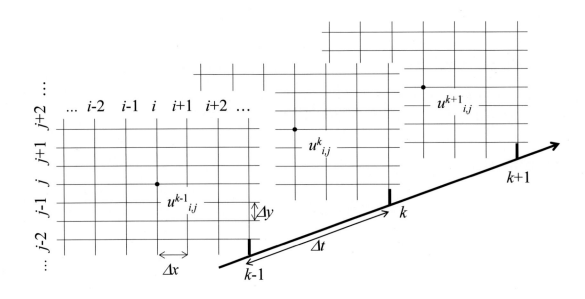

図 6.3　空間および時間の離散化

6.1.2　境界条件

　上に示したように，有限差分法では，次の時間ステップにおけるある位置 (i,j) の変数 $u_{i,j}^{k+1}$ を求めるために，その周囲の変数 $u_{i\pm1,j\pm1}^{k}$ などが必要となる．しかし，材料の端面などの境界上においては，その周囲の変数が存在せず，式(6.1.11)をそのまま用いても計算できない．このとき，材料表面における境界条件を与えることにより，有限差分法の計算を可能とする．

　図 6.2 のような均質一様な等方弾性体中の SH 波の伝搬（$u_x = u_y = \partial/\partial z = 0$）を考えた場合，せん断応力 τ_{yz}, τ_{zx} のみが非ゼロであり，

$$\tau_{zx} = \mu\frac{\partial u_z}{\partial x}, \qquad \tau_{yz} = \mu\frac{\partial u_z}{\partial y}\ , \tag{6.1.12}$$

と表せる．式(6.1.6)の中央差分により，上式を差分化すると，

$$\tau_{zx} \cong \mu\frac{u_{i+1,j}^{k} - u_{i-1,j}^{k}}{2\Delta x}, \qquad \tau_{yz} \cong \mu\frac{u_{i,j+1}^{k} - u_{i,j-1}^{k}}{2\Delta y}\ , \tag{6.1.13}$$

となる．ここで，図 6.4 (a)のような領域左端の自由境界を考える．この境界では，$\tau_{zx} = 0$ となるため，式(6.1.13)の第 1 式より

$$\mu \frac{u_{2,j}^k - u_{0,j}^k}{2\Delta x} = 0 \qquad \Rightarrow \qquad u_{0,j}^k = u_{2,j}^k \ , \tag{6.1.14}$$

が成立する．つまり仮想的に$i = 0$という点が存在するとした場合の変位$u_{0,j}^k$を求めることができた．$i = 1$ の左端境界上の各点の変位$u_{1,j}^{k+1}$を式(6.1.11)で求める際に，この関係を用いることで，自由境界面を設定することができる．

表面に応力τ_0が負荷される外部負荷領域（図 6.4 (b)）などでは，

$$\mu \frac{u_{2,j}^k - u_{0,j}^k}{2\Delta x} = \tau_0 \qquad (t = t_k) \ , \tag{6.1.15}$$

その他，変位u_0が境界条件として与えられる場合（図 6.4 (c)）は，

$$u_{1,j}^k = u_0 \qquad (t = t_k) \ , \tag{6.1.16}$$

左右の領域が周期的に繰り返す周期境界条件（図 6.4 (d)）は，右端の値$u_{N_x,j}^k$（N_xは右端における節点番号）を用いて，

$$u_{1,j}^k = u_{N_x,j}^k \ , \tag{6.1.17}$$

$i = 1$の境界に対し左右対称である対称境界条件（図 6.4 (e)）は，

$$u_{0,j}^k = u_{2,j}^k \ , \tag{6.1.18}$$

となる．ただし，ここでは対称境界条件(6.1.18)と自由境界条件(6.1.14)は一致している．

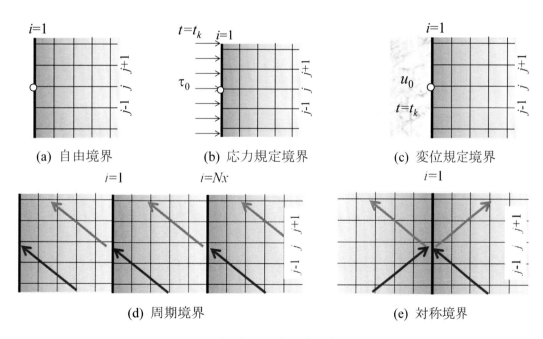

(a) 自由境界　　　　　(b) 応力規定境界　　　　　(c) 変位規定境界

(d) 周期境界　　　　　　　　　(e) 対称境界

図 6.4　領域の左端の境界条件の例

6.1.3 空間および時間の離散化に関する制限

　有限差分法のような前段の解を利用した時間発展の繰り返し計算では，前段の誤差が引き継いで増幅し，最終的に解が発散することがある．このような解の発散を防ぐ安定化条件は，クーラン（Courant）条件あるいは CFL 条件（Courant-Friedrichs-Lewy condition）[1],[2]などと呼ばれ，有限差分法および類似の時間発展計算手法を用いた波動伝搬の数値計算を実行する上で，留意すべき基本条件となっている．ここでは，上に示した 2 次元平面を伝搬する SH 波（式(6.1.11)）を例に，クーラン条件を導出する．

　SH 波の支配方程式(6.1.9)を満たす解として，以下のような $\mathbf{n}$ 方向に伝搬する波数 β の平面調和波を考える．

$$u_z = A\exp\{I(\beta\mathbf{n}\bullet\mathbf{x} - \omega t)\} = A\exp\{I(\beta_x x + \beta_y y - \omega t)\}, \quad (6.1.19)$$

ここで，$\mathbf{n}$ は $\mathbf{n} = (n_x \quad n_y \quad 0)^T$ という成分を持つ単位ベクトルであり，$\beta_x = \beta n_x$，$\beta_y = \beta n_y$ の関係を有している．また，x 方向の節点番号 i と混同しないように，ここでは虚数単位として $I(=\sqrt{-1})$ を用いた．図 6.3 のように空間および時間を離散化し，(i,j) の位置の座標を $(\Delta x \cdot i, \Delta y \cdot j,)$，$k$ 番目のステップの時刻を $t = \Delta t \cdot k$ とすると，

$$\begin{aligned}u_{i,j}^k &= A\exp\{I(\beta_x \Delta x \cdot i + \beta_y \Delta y \cdot j - \omega\Delta t \cdot k)\} \\ &= AG^k\exp\{I(\beta_x \Delta x \cdot i + \beta_y \Delta y \cdot j)\} ,\end{aligned} \quad (6.1.20)$$

のようにかける．ここで

$$G = \exp(-I\omega\Delta t), \quad (6.1.21)$$

とした．式(6.1.20)を式(6.1.10)に代入すると，

$$A\frac{G^k e^{I\{\beta_x\Delta x\cdot(i+1)+\beta_y\Delta y\cdot j\}} + G^k e^{I\{\beta_x\Delta x\cdot(i-1)+\beta_y\Delta y\cdot j\}} - 2G^k e^{I\{\beta_x\Delta x\cdot i+\beta_y\Delta y\cdot j\}}}{(\Delta x)^2}$$

$$+A\frac{G^k e^{I\{\beta_x\Delta x\cdot i+\beta_y\Delta y\cdot(j+1)\}} + G^k e^{I\{\beta_x\Delta x\cdot i+\beta_y\Delta y\cdot(j-1)\}} - 2G^k e^{I\{\beta_x\Delta x\cdot i+\beta_y\Delta y\cdot j\}}}{(\Delta y)^2}$$

$$=\frac{A}{c_T^2}\frac{G^{k+1} e^{I\{\beta_x\Delta x\cdot i+\beta_y\Delta y\cdot j\}} + G^{k-1} e^{I\{\beta_x\Delta x\cdot i+\beta_y\Delta y\cdot j\}} - 2G^k e^{I\{\beta_x\Delta x\cdot i+\beta_y\Delta y\cdot j\}}}{(\Delta t)^2},$$

$$(6.1.22)$$

となり，$AG^{k-1}e^{I\{\beta_x\Delta x\cdot i+\beta_y\Delta y\cdot j\}}$ で除して整理すると，

$$G\frac{e^{I\beta_x\Delta x} + e^{-I\beta_x\Delta x} - 2}{(\Delta x)^2} + G\frac{e^{I\beta_y\Delta y} + e^{-I\beta_y\Delta y} - 2}{(\Delta y)^2} = \frac{1}{c_T^2}\frac{G^2 + 1 - 2G}{(\Delta t)^2}, \quad (6.1.23)$$

である．さらに，$e^{I\theta} + e^{-I\theta} - 2 = -4\sin^2\frac{\theta}{2}$ を利用して，G に関する 2 次方程式として整理すると

$$G^2 - 2aG + 1 = 0 \ . \tag{6.1.24}$$

ただし，

$$a = 1 - 2\left(\frac{c_T \Delta t}{\Delta x}\right)^2 \sin^2\frac{\beta_x \Delta x}{2} - 2\left(\frac{c_T \Delta t}{\Delta y}\right)^2 \sin^2\frac{\beta_y \Delta y}{2} \ , \tag{6.1.25}$$

となる．これよりGは

$$G = a \pm \sqrt{a^2 - 1}, \tag{6.1.26}$$

である．$a^2 > 1$とすると$|G| \neq 1$となり，Gの定義式(6.1.21)に一致しない．一方，

$$a^2 \leq 1 \ \Rightarrow \ -1 \leq a \leq 1 \ , \tag{6.1.27}$$

の場合，$G = a \pm I\sqrt{1-a^2}$の絶対値$|G| = \sqrt{GG^*} = 1$であることが分かる．式(6.1.25)と式(6.1.27)より

$$-1 \leq 1 - 2\left(\frac{c_T \Delta t}{\Delta x}\right)^2 \sin^2\frac{\beta_x \Delta x}{2} - 2\left(\frac{c_T \Delta t}{\Delta y}\right)^2 \sin^2\frac{\beta_y \Delta y}{2} \leq 1 \ , \tag{6.1.28}$$

すなわち，

$$0 \leq \left(\frac{c_T \Delta t}{\Delta x}\right)^2 \sin^2\frac{\beta_x \Delta x}{2} + \left(\frac{c_T \Delta t}{\Delta y}\right)^2 \sin^2\frac{\beta_y \Delta y}{2} \leq 1 \ , \tag{6.1.29}$$

となる．よって，任意の$\beta_x \Delta x$，$\beta_y \Delta y$に対し成立するためには，$\sin^2(\bullet) = 1$を代入し，

$$\Delta t \leq \left\{ c_T \sqrt{\left(\frac{1}{\Delta x}\right)^2 + \left(\frac{1}{\Delta y}\right)^2} \right\}^{-1} \ , \tag{6.1.30}$$

が得られる．これは，2次元問題におけるクーラン条件式である．ここでは，SH波の波動方程式から導出したが，一般的に音速cの1次元，2次元，3次元波動場について，以下のように与えられている

$$\Delta t \leq \left\{ c \sqrt{\left(\frac{1}{\Delta x}\right)^2} \right\}^{-1} = \frac{\Delta x}{c} \ , \qquad \text{for one-dimensional problems} \tag{6.1.31}$$

$$\Delta t \leq \left\{ c \sqrt{\left(\frac{1}{\Delta x}\right)^2 + \left(\frac{1}{\Delta y}\right)^2} \right\}^{-1} \ , \qquad \text{for two-dimensional problems} \tag{6.1.32}$$

$$\Delta t \leq \left\{ c \sqrt{\left(\frac{1}{\Delta x}\right)^2 + \left(\frac{1}{\Delta y}\right)^2 + \left(\frac{1}{\Delta z}\right)^2} \right\}^{-1} \ . \qquad \text{for three-dimensional problems} \tag{6.1.33}$$

このクーラン条件は，材料内部における波動場の安定解を算出するための条件であるが，境界における反射や透過などが起こる場合には，安定解を保証されているわけではないことに注意する必要がある.

その他，領域を要素分割して波形分布を表現する数値計算手法全般において精度の良い計算を行うためには，波の波長および周期に対し十分細かい分割間隔で離散化する必要がある．一般には，空間の分割間隔Δxは最小波長λ_{min}の 1/10 程度（図 6.5）以下にするべきであるとされ，

$$\Delta x \leq \frac{\lambda_{min}}{10} = \frac{c}{10 f_{max}} = \frac{c}{10} T_{min}, \tag{6.1.34}$$

の関係が得られる．ただし，上式においてf_{max}，T_{min}はそれぞれ最大周波数，最小周期であり，最小波長に対する周波数および周期である．1 次元のクーラン条件式(6.1.31)に代入すると，

$$\Delta t \leq T_{min}/10, \tag{6.1.35}$$

となり，クーラン条件を満たすことで，自動的に時間の分割間隔Δtは十分小さくなっていることが分かる.

以上より，有限差分法の計算を行う際には，伝搬し得る弾性波の最小波長λ_{min}より式(6.1.34)に基づき空間的な分割間隔Δx，Δy，Δzを決定し，その後，クーラン条件式(6.1.31)－(6.1.33)より時間間隔Δtを決定する.

図 6.5　波形の離散化（１周期を１０分割した例）

6.1.4　Leapfrog 法（かえるとび法，FDTD，EFIT）

上述の差分法は，波動方程式を変位で表した Navier の式(6.1.9)を差分化して，時間ごとに逐次変位解を繰り返し求めていく手法である．この場合，2 階の微分があるため，後に示す完全整合層（PML）による吸収境界条件を適用する際に不都合が生じる．Leapfrog 法では支配方程式が 1 階の微分方程式で表されるので，そのような問題が解決され，吸収境界条件の導入が必要な場合に広く利用されている．以下，Leapfrog 法による数値計算手法を，上述同様に，$x-y$面を伝搬し，z方向に振動する SH 波の波動伝搬を取り上げて説明す

る.

波動方程式は式(3.1.5)より

$$\rho \frac{\partial^2 u_z}{\partial^2 t} = \frac{\partial \tau_{xz}}{\partial x} + \frac{\partial \tau_{yz}}{\partial y}, \tag{6.1.36}$$

である. また, 応力-ひずみ関係式(3.1.10)'とひずみと変位の関係式(3.1.6)より

$$\tau_{xz} = \mu \frac{\partial u_z}{\partial x}, \qquad \tau_{yz} = \mu \frac{\partial u_z}{\partial y}, \tag{6.1.37}$$

となる. ここで, 変位u_zの時間微分として粒子速度が以下のように書ける.

$$v = \frac{\partial u_z}{\partial t}, \tag{6.1.38}$$

このとき, 式(6.1.36)と式(6.1.37)の時間微分は

$$\rho \frac{\partial v}{\partial t} = \frac{\partial \tau_{xz}}{\partial x} + \frac{\partial \tau_{yz}}{\partial y}, \qquad \frac{\partial \tau_{xz}}{\partial t} = \mu \frac{\partial v}{\partial x}, \qquad \frac{\partial \tau_{yz}}{\partial t} = \mu \frac{\partial v}{\partial y}, \tag{6.1.39}$$

のように1階微分の形で表せる. ここで, 変数v, τ_{xz}, τ_{yz}を図 6.6 のような時間-空間上に配置して, 中央差分式(6.1.6)を用いて式(6.1.39)を差分化する. このとき, vの格子点とτ_{xz}, τ_{yz}の格子点は互い違いになっており, 時間ステップは, 一段とび (かえるとび) で各パラメータが求められる.

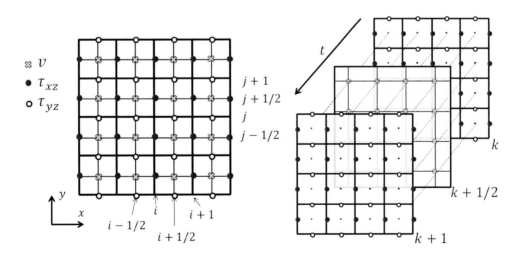

図 6.6 Leapfrog 法による差分 (SH 波の場合)

$$\rho \frac{(v)^{k+1/2}_{i+1/2,j+1/2} - (v)^{k-1/2}_{i+1/2,j+1/2}}{\Delta t}$$

$$= \frac{(\tau_{xz})^{k}_{i+1,j+1/2} - (\tau_{xz})^{k}_{i,j+1/2}}{\Delta x} + \frac{(\tau_{yz})^{k}_{i+1/2,j+1} - (\tau_{yz})^{k}_{i+1/2,j}}{\Delta y},$$

$$\frac{(\tau_{xz})^{k+1}_{i,j+1/2} - (\tau_{xz})^{k}_{i,j+1/2}}{\Delta t} = \mu \frac{(v)^{k+1/2}_{i+1/2,j+1/2} - (v)^{k+1/2}_{i-1/2,j+1/2}}{\Delta x}, \qquad (6.1.40)$$

$$\frac{(\tau_{yz})^{k+1}_{i+1/2,j} - (\tau_{yz})^{k}_{i+1/2,j}}{\Delta t} = \mu \frac{(v)^{k+1/2}_{i+1/2,j+1/2} - (v)^{k+1/2}_{i+1/2,j-1/2}}{\Delta y},$$

となり，差分化の長さは$\Delta t, \Delta x, \Delta y$であり，式(6.1.6)の 1/2 になっている．これらの式を変形すると，

$$(v)^{k+1/2}_{i+1/2,j+1/2} = (v)^{k-1/2}_{i+1/2,j+1/2} + \frac{1}{\rho}\frac{\Delta t}{\Delta x}\left[(\tau_{xz})^{k}_{i+1,j+1/2} - (\tau_{xz})^{k}_{i,j+1/2}\right]$$

$$+ \frac{1}{\rho}\frac{\Delta t}{\Delta y}\left[(\tau_{yz})^{k}_{i+1/2,j+1} - (\tau_{yz})^{k}_{i+1/2,j}\right],$$

$$(\tau_{xz})^{k+1}_{i,j+1/2} = (\tau_{xz})^{k}_{i,j+1/2} + \mu\frac{\Delta t}{\Delta x}\left[(v)^{k+1/2}_{i+1/2,j+1/2} - (v)^{k+1/2}_{i-1/2,j+1/2}\right], \qquad (6.1.41)$$

$$(\tau_{yz})^{k+1}_{i+1/2,j} = (\tau_{yz})^{k}_{i+1/2,j} + \mu\frac{\Delta t}{\Delta y}\left[(v)^{k+1/2}_{i+1/2,j+1/2} - (v)^{k+1/2}_{i+1/2,j-1/2}\right],$$

のように得られる．このとき，すべての$(i+1/2, j+1/2)$に対して時間ステップ$k+1/2$における速度vを式(6.1.41)の第 1 式で求め，つぎにすべての$(i, j+1/2)$または$(i+1/2, j)$に対して時間ステップ$k+1$におけるせん断応力τ_{xz}, τ_{yz}を求めるという 2 段階の計算プロセスを繰り返すことによって，すべての時間，空間における速度vとせん断応力τ_{xz}, τ_{yz}を算出することができる．

　このような Leapfrog 法による計算は，FDTD（Finite-difference time domain method）や EFIT（Elasto-dynamic Finite Integration Technique）などとして弾性波動の計算以外にも電磁場解析などあらゆる偏微分方程式の解法に利用されている．6.1.1 項で示した差分法と比べ，弾性波動の問題の場合には微分が 1 階になるため，この後に示す吸収境界条件を導入しやすいという利点以外に，差分長さが半分になるので，やや精度が向上するという利点がある．一方で，変数の数が増えるので，記憶メモリを要するという欠点もある．

6.1.5　吸収境界条件（完全整合層，Perfect Matching Layer, PML）

（1）PML による吸収境界の原理

　有限差分法では，原理的に閉領域のみを扱うことができるが，音響問題などでは音波が放射して，反射しないような状況を考えることも多い．そのような場合，開領域を扱うこ

とができる境界要素法が導入されることもあるが，最近では吸収境界条件（完全整合層，Perfect Matching Layer, PML）が使われることが多くなっている．ここでは，$x - y$平面を伝搬する SH 波を取り上げ，その原理を簡単に説明する．

図 6.7 のように横波音速c_Tの$x < 0$の領域内にある弾性体中を伝搬する平面 SH 波を考える．$x = 0$を吸収境界とし，$0 < x < \delta$が完全整合層（PML）と呼ばれる吸収境界を実現させるための領域である．弾性体中では式(6.1.9)が成立しており，再掲すると

$$\frac{\partial^2 u_z}{\partial x^2} + \frac{\partial^2 u_z}{\partial y^2} = \frac{1}{c_T^2}\frac{\partial^2 u_z}{\partial t^2} \ , \tag{6.1.42}$$

である．このとき入射角θ の平面 SH 波は，角周波数ωの調和波とすると，式(4.3.26)より

$$u_z = U\exp\{i(k_{Tx}x + k_{Ty}y - \omega t)\} \ ,$$
$$\tan\theta = \frac{k_{Tx}}{k_{Ty}} \ , \qquad k_{Tx}^2 + k_{Ty}^2 = \frac{\omega^2}{c_T^2}, \tag{6.1.43}$$
$$k_{Tx} = \frac{\omega}{c_T}\cos\theta \ , \qquad k_{Ty} = \frac{\omega}{c_T}\sin\theta \ ,$$

のように導出される．一方，PML 中の変位場は，

$$\frac{1}{\gamma}\frac{\partial}{\partial x}\left(\frac{1}{\gamma}\frac{\partial u_z}{\partial x}\right) + \frac{\partial^2 u_z}{\partial y^2} = \frac{1}{c_T^2}\frac{\partial^2 u_z}{\partial t^2} \ , \tag{6.1.44}$$

を満たすものとする．ここで，γはxの関数であり，あるxの関数$g(x)$を用いて

$$\gamma = 1 + i\frac{dg}{dx} \ , \tag{6.1.45}$$

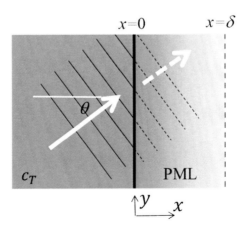

図 6.7　PML 境界における局所座標

の関係が成立するものとし，以下の複素変数$\hat{x}$を導入すると，

$$\hat{x} = x + ig(x), \tag{6.1.46}$$

$$\frac{\partial \hat{x}}{\partial x} = \gamma, \qquad \therefore \quad \frac{\partial}{\partial x} = \frac{\partial \hat{x}}{\partial x} \cdot \frac{\partial}{\partial \hat{x}} = \gamma \frac{\partial}{\partial \hat{x}} \implies \frac{1}{\gamma}\frac{\partial}{\partial x} = \frac{\partial}{\partial \hat{x}} \tag{6.1.47}$$

が成立する．ここで，式(6.1.47)を式(6.1.44)に代入すると，

$$\frac{\partial^2 u_z}{\partial \hat{x}^2} + \frac{\partial^2 u_z}{\partial y^2} = \frac{1}{c_T^2}\frac{\partial^2 u_z}{\partial t^2} \ , \tag{6.1.48}$$

のように，$\hat{x} - y$ 空間における波動方程式として得られる．すなわち，このときの解のうち，$+\hat{x}$, $+y$方向に伝搬する波動場のみを示すと，

$$u_z(\hat{x}, y, t) = U\exp\left\{i(k_{Tx}\hat{x} + k_{Ty}y - \omega t)\right\} \ , \tag{6.1.49}$$

となる．式(6.1.40)を代入すると，

$$
\begin{aligned}
u_z(x, y, t) &= U\exp\left\{i(k_{Tx}x + k_{Ty}y - \omega t)\right\}e^{-k_{Tx}g} \\
&= U\exp\left\{i\left(\frac{\omega}{c_T}\cos\theta \cdot x + \frac{\omega}{c_T}\sin\theta \cdot y - \omega t\right)\right\}e^{-\frac{\omega}{c_T}\cos\theta \cdot g(x)}
\end{aligned} \tag{6.1.50}
$$

のように平面波の式(6.1.43)に$e^{-\frac{\omega}{c_T}\cos\theta \cdot g}$が付加された形となっている．

$$g(x) = g_0 x^n \ (g_0 > 0, n > 0) \ , \tag{6.1.51}$$

の場合には$e^{-\frac{\omega}{c_T}\cos\theta \cdot g(x)}$は減衰項となり，$\frac{\omega}{c_T}\cos\theta \cdot g_0$が非常に大きい場合には，PML 内で減衰して$x = \delta$ まで振動エネルギが到達しない．また，$x = \delta$ で反射したとしても，反射波もまた PML 内で減衰する．

$x = \delta$ において$u_z = 0$ の固定境界もしくは表面力ゼロの自由境界である場合，$x = 0$ での変位基準の反射率は，文献[3]などにより

$$R_u = \frac{e^{2ik_{Tx}\delta}}{e^{2ik_{Tx}\delta} - e^{\frac{2\omega}{c_T}\cos\theta \cdot g(\delta)}} \ , \tag{6.1.52}$$

と求められている．$\left|e^{2ik_{Tx}\delta}\right| = 1$なので，反射率を小さくするためには，$e^{\frac{2\omega}{c_T}\cos\theta \cdot g(\delta)}$を大きくする必要がある．入射波の向きが$y$ 軸に平行方向$\theta = \pm 90°$の場合には不適であるが，図のような PML は$+x$方向に伝搬する波を吸収するために設置されるので，ここでは$-60° < \theta < 60°$とし，$\cos\theta > 1/2$の範囲で考える．このとき，$g(\delta)$, $g_0 \to +\infty$とすれば$R_u \to 0$となる．しかし，PML を差分法に導入した場合，差分化に起因する誤差のため，g_0を無限に大

きくすることはできない.

そこで,gを適切な関数で与える必要がある.式(6.1.52)より

$$|R_u|^2 = R_u \cdot R_u^* = \left(\frac{e^{2ik_{Tx}\delta}}{e^{2ik_{Tx}\delta} - D}\right) \cdot \left(\frac{e^{2ik_{Tx}\delta}}{e^{2ik_{Tx}\delta} - D}\right)^* , \qquad (6.1.53)$$

である.ここで*は複素共役を表しており,$D = e^{\frac{2\omega}{c_T}\cos\theta \cdot g(\delta)}$とおいた.このとき

$$D^2 - 2\cos(2k_{Tx}\delta)\,D + 1 - \frac{1}{|R_u|^2} = 0 \ , \qquad (6.1.54)$$

となり,$D, 1/|R_u|^2 \gg 1$の場合を考えているので,この2次方程式の解は,

$$D \cong 1/|R_u| \ , \qquad (6.1.55)$$

となる.つまり,

$$e^{\frac{2\omega}{c_T}\cos\theta \cdot g(\delta)} \cong 1/|R_u| \ , \qquad (6.1.56)$$

となっているので,

$$g(\delta) \cdot \omega/c_T \cong -\frac{1}{2\cos\theta}\ln|R_u| \ . \qquad (6.1.57)$$

入射角を$-60^o < \theta < 60^o$の範囲と仮定する場合,$\cos\theta > 1/2$より,$x = \delta$において反射率がR_uとなる$g(\delta)$の最大値は,

$$g(\delta) \cdot \omega/c_T \cong -\ln|R_u| \qquad (6.1.58)$$

という関係が得られる.$g(x)$が式(6.1.51)のように表される場合,

$$g(x)\frac{\omega}{c_T} = -\ln|R_u|\left(\frac{x}{\delta}\right)^n , \qquad (6.1.59)$$

となり,その微分は

$$\frac{dg}{dx} = -\frac{nc_T}{\delta\omega}\ln|R_u|\left(\frac{x}{\delta}\right)^{n-1} , \qquad (6.1.60)$$

のように得られる.つまり,想定する変位反射率$|R_u|$(たとえば,10^{-3}など)とPMLの長さδを決定すると式(6.1.60)によりdg/dxが決定された後に式(6.1.45)のγが与えられ,PML内の方程式(6.1.44)の差分式を構築することができる.弾性体とPML内の境界 $x = 0$ において,γ の値が急激に変化すると,差分式の計算誤差が顕著に表れることが分かっている

ので，通常$n = 2, 3$などの関数を使うことが多い．ここでは，$n = 3$とすると，

$$\gamma = 1 + \frac{i}{\omega}\left[-\frac{3c_T}{\delta}\ln|R_u|\left(\frac{x}{\delta}\right)^2\right], \tag{6.1.61}$$

となる．後の議論のため，上式を

$$\gamma = 1 + \frac{i}{\omega}d(x), \qquad d(x) = -\frac{3c_T}{\delta}\ln|R_u|\left(\frac{x}{\delta}\right)^2, \tag{6.1.62}$$

とおくことにする．

　PML が $x = 0$ から始まるのではなく，任意の x 座標から始まる場合には，上式の x を PML の開始位置から始まり，PML 内部に向かう方向に正となる局所座標と考えることで，吸収境界を設定することができる．また，y 方向の PML については，上述の x と y を入れ替えればよい．

（２）差分法への導入（Leapfrog 法による SH 波の例）

　上述の議論では，角周波数 ω の調和波を前提としており，式(6.1.11)や式(6.1.41)のような差分法における時間発展の計算に，そのまま利用することはできない．そこで多くの文献では，以下のような操作を行っている．式(6.1.39)の左辺を $\partial\tau_{xz}/\partial x$ の寄与分と $\partial\tau_{xz}/\partial y$ の寄与分に分離して，

$$v = v_1 + v_2,$$
$$\rho\frac{\partial v_1}{\partial t} = \frac{\partial\tau_{xz}}{\partial x}, \qquad \rho\frac{\partial v_2}{\partial t} = \frac{\partial\tau_{yz}}{\partial y}, \qquad \frac{\partial\tau_{xz}}{\partial t} = \mu\frac{\partial v}{\partial x}, \qquad \frac{\partial\tau_{yz}}{\partial t} = \mu\frac{\partial v}{\partial y}, \tag{6.1.63}$$

とする．図 6.7 のように，$x = 0$ における吸収境界条件を考える．このとき $x > 0$ の PML では

$$v = v_1 + v_2,$$
$$\rho\frac{\partial v_1}{\partial t} = \frac{1}{\gamma}\frac{\partial\tau_{xz}}{\partial x}, \qquad \rho\frac{\partial v_2}{\partial t} = \frac{\partial\tau_{yz}}{\partial y}, \qquad \frac{\partial\tau_{xz}}{\partial t} = \mu\frac{1}{\gamma}\frac{\partial v}{\partial x}, \qquad \frac{\partial\tau_{yz}}{\partial t} = \mu\frac{\partial v}{\partial y}, \tag{6.1.64}$$

のように，$\partial/\partial x \to \partial/\gamma\partial x$ とした形となっている．式(6.1.62)と $\partial/\partial t = -i\omega$ より，

$$\gamma\frac{\partial}{\partial t} = \rho\left(1 + \frac{i}{\omega}d(x)\right)\frac{\partial}{\partial t} = \rho\left(\frac{\partial}{\partial t} + d(x)\right), \tag{6.1.65}$$

と書けるので，PML 内での支配方程式(6.1.64)は

$$v = v_1 + v_2,$$

$$\rho\left(\frac{\partial}{\partial t} + d(x)\right)v_1 = \frac{\partial \tau_{xz}}{\partial x}, \qquad \rho\frac{\partial v_2}{\partial t} = \frac{\partial \tau_{yz}}{\partial y},$$

$$\left(\frac{\partial}{\partial t} + d(x)\right)\tau_{xz} = \mu\frac{\partial v}{\partial x}, \qquad \frac{\partial \tau_{yz}}{\partial t} = \mu\frac{\partial v}{\partial y},$$

(6.1.66)

となる．この式には，角周波数 ω が現れておらず，時間発展の解に用いることが可能である．$d(x)$ は，式(6.1.62)で与えられている関数を用いればよい．式(6.1.40)と同様に中央差分で表現すると，

$$(v)_{i+1/2,j+1/2}^{k+1/2} = (v_1)_{i+1/2,j+1/2}^{k+1/2} + (v_2)_{i+1/2,j+1/2}^{k+1/2},$$

$$\rho\left(\frac{(v_1)_{i+1/2,j+1/2}^{k+1/2} - (v_1)_{i+1/2,j+1/2}^{k-1/2}}{\Delta t} + d(x)\frac{(v_1)_{i+1/2,j+1/2}^{k+1/2} + (v_1)_{i+1/2,j+1/2}^{k-1/2}}{2}\right)$$
$$= \frac{(\tau_{xz})_{i+1,j+1/2}^{k} - (\tau_{xz})_{i,j+1/2}^{k}}{\Delta x},$$

$$\rho\frac{(v_2)_{i+1/2,j+1/2}^{k+1/2} - (v_2)_{i+1/2,j+1/2}^{k-1/2}}{\Delta t} = \frac{(\tau_{yz})_{i+1/2,j+1}^{k} - (\tau_{yz})_{i+1/2,j}^{k}}{\Delta y},$$

$$\frac{(\tau_{xz})_{i,j+1/2}^{k+1} - (\tau_{xz})_{i,j+1/2}^{k}}{\Delta t} + d(x)\frac{(\tau_{xz})_{i,j+1/2}^{k+1} + (\tau_{xz})_{i,j+1/2}^{k}}{2}$$
$$= \mu\frac{(v)_{i+1/2,j+1/2}^{k+1/2} - (v)_{i-1/2,j+1/2}^{k+1/2}}{\Delta x},$$

$$\frac{(\tau_{yz})_{i+1/2,j}^{k+1} - (\tau_{yz})_{i+1/2,j}^{k}}{\Delta t} = \mu\frac{(v)_{i+1/2,j+1/2}^{k+1/2} - (v)_{i+1/2,j-1/2}^{k+1/2}}{\Delta y},$$

(6.1.67)

となる．ここで，式(6.1.66)中の $d(x)v_1$ などの項において，時刻ステップ k における v_1 が必要となるが，ここでは $k-1/2$ ステップと $k+1/2$ ステップでの v_1 の平均値を用いた．整理すると，以下のようになり，$k+1/2$ ステップにおける速度を求めた後，$k+1$ ステップにおける応力を求めればよい．

$$\frac{1}{\Delta t_1} = \frac{1}{\Delta t} + \frac{d(x)}{2}, \qquad \frac{1}{\Delta t_2} = \frac{1}{\Delta t} - \frac{d(x)}{2},$$

$$(v_1)_{i+1/2,j+1/2}^{k+1/2} = \frac{\Delta t_1}{\Delta t_2}(v_1)_{i+1/2,j+1/2}^{k-1/2} + \frac{1}{\rho}\frac{\Delta t_1}{\Delta x}\left[(\tau_{xz})_{i+1,j+1/2}^{k} - (\tau_{xz})_{i,j+1/2}^{k}\right],$$

$$(v_2)_{i+1/2,j+1/2}^{k+1/2} = (v_2)_{i+1/2,j+1/2}^{k-1/2} + \frac{1}{\rho}\frac{\Delta t}{\Delta y}\left[(\tau_{yz})_{i+1/2,j+1}^{k} - (\tau_{yz})_{i+1/2,j}^{k}\right],$$

$$(v)_{i+1/2,j+1/2}^{k+1/2} = (v_1)_{i+1/2,j+1/2}^{k+1/2} + (v_2)_{i+1/2,j+1/2}^{k+1/2},$$

$$(\tau_{xz})_{i,j+1/2}^{k+1} = \frac{\Delta t_1}{\Delta t_2}(\tau_{xz})_{i,j+1/2}^{k} + \mu\frac{\Delta t_1}{\Delta x}\left[v_{i+1/2,j+1/2}^{k+1/2} - v_{i-1/2,j+1/2}^{k+1/2}\right],$$

$$(\tau_{yz})_{i+1/2,j}^{k+1} = (\tau_{yz})_{i+1/2,j}^{k} + \mu\frac{\Delta t}{\Delta y}\left[(v)_{i+1/2,j+1/2}^{k+1/2} - (v)_{i+1/2,j-1/2}^{k+1/2}\right],$$

$$(6.1.68)$$

また，y 方向の面を吸収境界にする場合には，上式の x, y を入れ替えた形とすればよい．

6.1.6 縦波，SV 波への Leapfrog 法の適用

（1）PML がない場合

等方弾性体中を伝搬する縦波や SV 波を扱う場合，平面ひずみを仮定しても速度の変数が 2 つ（$v_x(= \partial u_x/\partial t)$, $v_y(= \partial u_y/\partial t)$）となるため，より煩雑になるが，考え方は難しくない．波動方程式は，式(3.1.5)より

$$\rho\frac{\partial v_x}{\partial t} = \frac{\partial \sigma_x}{\partial x} + \frac{\partial \tau_{xy}}{\partial y} + \rho f_x \ \text{①}, \qquad \rho\frac{\partial v_y}{\partial t} = \frac{\partial \tau_{yx}}{\partial x} + \frac{\partial \sigma_y}{\partial y} + \rho f_y \ \text{②},$$

$$(6.1.69)$$

となり，応力ひずみ関係式は，式(3.1.10)' および式(3.1.6)より

$$\frac{\partial \sigma_x}{\partial t} = (\lambda + 2\mu)\frac{\partial v_x}{\partial x} + \lambda\frac{\partial v_y}{\partial y} \ \text{③}, \qquad \frac{\partial \sigma_y}{\partial t} = \lambda\frac{\partial v_x}{\partial x} + (\lambda + 2\mu)\frac{\partial v_y}{\partial y} \ \text{④},$$

$$\frac{\partial \tau_{xy}}{\partial t} = \mu\left(\frac{\partial v_y}{\partial x} + \frac{\partial v_x}{\partial y}\right) \quad \text{⑤},$$

$$(6.1.70)$$

となる．SH 波の場合には，物体力は無視した波動方程式で展開したが，超音波伝搬の数値計算では，振動する物体力を与えることで加振点を模擬することもあるため，上式では物体力 f_x, f_y を考慮した．

それぞれの速度，応力に関する変数を図 6.8 のように配置する．すなわち，中心位置番号が (i, j) のセルに対し，セル中心に垂直応力 σ_x, σ_y を配置し，角の節点にせん断応力 τ_{xy}，残りの節点に速度 v_x, v_y を配置している．また，時間方向は，$k, k+1, \ldots$ 番目のステップに

おいて応力を計算し，その間，$k-1/2, k+1/2, \ldots$番目のステップで速度を計算するものとする．このとき，例えば①は，以下のように記述することができる．

①'
$$\rho \frac{(v_x)^{k+1/2}_{i-1/2,j} - (v_x)^{k-1/2}_{i-1/2,j}}{\Delta t} = \frac{(\sigma_x)^k_{i,j} - (\sigma_x)^k_{i-1,j}}{\Delta x}$$
$$+ \frac{(\tau_{xy})^k_{i-1/2,j+1/2} - (\tau_{xy})^k_{i-1/2,j-1/2}}{\Delta y} + \rho(f_x)^k_{i-1/2,j} \ .$$

ここで，物体力は加振点に対応するセルの中心に与えられているものとし，セルの端における物体力は，隣のセルの物体力の平均値として，

$$(f_x)^k_{i-1/2,j} = \{(f_x)^k_{i,j} + (f_x)^k_{i-1,j}\}/2 \ ,$$

と与えられているものとする．$\Delta x = \Delta y$とすると，次のステップの速度が得られ，

①'
$$(v_x)^{k+1/2}_{i-1/2,j} = (v_x)^{k-1/2}_{i-1/2,j}$$
$$+ \frac{\Delta t}{\rho \Delta x}\left[(\sigma_x)^k_{i,j} - (\sigma_x)^k_{i-1,j} + (\tau_{xy})^k_{i-1/2,j+1/2} - (\tau_{xy})^k_{i-1/2,j-1/2}\right]$$
$$+ \Delta t(f_x)^k_{i-1/2,j} \ ,$$

となる．同様に

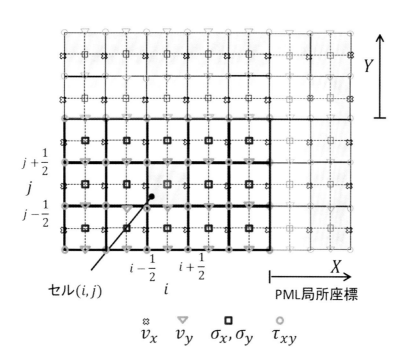

図 6.8　Leapfrog 法による差分（平面ひずみによる縦波，SV 波の場合）

$$② ' \quad (v_y)^{k+1/2}_{i,j-1/2} = (v_y)^{k-1/2}_{i,j-1/2}$$

$$+ \frac{\Delta t}{\rho \Delta x} \left[(\tau_{xy})^k_{i+1/2,j-1/2} - (\tau_{xy})^k_{i-1/2,j-1/2} + (\sigma_x)^k_{i,j} - (\sigma_x)^k_{i,j-1} \right]$$

$$+ \Delta t (f_y)^k_{i,j-1/2} \ ,$$

である.

また応力に関する式③は以下のように変形できる$(\Delta x = \Delta y)$.

$$③ ' \quad \frac{(\sigma_x)^{k+1}_{i,j} - (\sigma_x)^k_{i,j}}{\Delta t} = (\lambda + 2\mu) \frac{(v_x)^{k+1/2}_{i+1/2,j} - (v_x)^{k+1/2}_{i-1/2,j}}{\Delta x} + \lambda \frac{(v_y)^{k+1/2}_{i,j+1/2} - (v_y)^{k+1/2}_{i,j-1/2}}{\Delta x} \ ,$$

となる. 同様に

$$④ ' \quad (\sigma_y)^{k+1}_{i,j} = (\sigma_y)^k_{i,j} + \frac{\Delta t}{\Delta x} \left[\lambda \left\{ (v_x)^{k+1/2}_{i+1/2,j} - (v_x)^{k+1/2}_{i-1/2,j} \right\} + (\lambda + 2\mu) \left\{ (v_y)^{k+1/2}_{i,j+1/2} - (v_y)^{k+1/2}_{i,j-1/2} \right\} \right] \ ,$$

$$⑤ ' \quad (\tau_{xy})^{k+1}_{i+1/2,j+1/2} = (\tau_{xy})^k_{i+1/2,j+1/2} + \frac{\Delta t}{\Delta x} \mu \left[(v_x)^{k+1/2}_{i+1/2,j} - (v_x)^{k+1/2}_{i-1/2,j} + (v_y)^{k+1/2}_{i,j+1/2} - (v_y)^{k+1/2}_{i,j-1/2} \right],$$

である. 超音波伝搬の数値計算の多くは, 応力, 速度の初期値をすべて 0 とし, 物体力の時間波形データ$(f_x)^k_{i,j}$, $(f_y)^k_{i,j}$を入力して, 時間ステップkごとに繰り返し計算を行って, 各時間ステップにおける応力および速度（変位）を求めていく. すなわち, 初期値の設定を行った後, ①', ②'の計算をすべてのセルにおいて実行し, そのデータを用いて③'〜⑤'の計算を行う. ただし①', ②'の計算と③'〜⑤'の計算の順序を逆にし, ③'〜⑤'を計算した後に①', ②'を計算しても良い.

（２）PML を考慮する場合

SH 波の場合, PML 内では減衰を表す式(6.1.62) $d(x)$を導入した. ここでは, 図 6.8 のように PML 領域の開始位置から減衰させる方向に正となる局所座標 X を用いて,

$$d(X) = -\frac{3c_T}{\delta} \ln |R_u| \left(\frac{X}{\delta} \right)^2 , \tag{6.1.71}$$

とする. c_Tは通常領域中の横波音速であり, 通常領域が異方性材料や複合材料の場合には, 最も遅い音速を用いればよい. δは PML 層の長さ, R_uは PML 層の終端 $(X = \delta)$ における変位反射率であり, $10^{-3}, 10^{-4}$のような小さい値に設定する.

波動方程式, 構成式は同様に, x, y方向微分の寄与分に分離し, x方向微分の寄与分については, 時間微分項を$\partial/\partial t \to \partial/\partial t + d(X)$と置き, y方向微分の寄与分については, $\partial/\partial t \to \partial/\partial t + d(Y)$とする. すなわち

構成式

$$\sigma_x = \sigma_{x1} + \sigma_{x2}, \quad \sigma_y = \sigma_{y1} + \sigma_{y2}, \quad \tau_{xy} = \tau_{xy1} + \tau_{xy2} \ ,$$

$$\left(\frac{\partial}{\partial t} + d(X)\right)\sigma_{x1} = (\lambda + 2\mu)\frac{\partial v_x}{\partial x} \quad ⑥, \quad \left(\frac{\partial}{\partial t} + d(Y)\right)\sigma_{x2} = \lambda\frac{\partial v_y}{\partial y} \quad ⑦,$$

$$\left(\frac{\partial}{\partial t} + d(X)\right)\sigma_{y1} = \lambda\frac{\partial v_x}{\partial x} \quad ⑧, \qquad \left(\frac{\partial}{\partial t} + d(Y)\right)\sigma_{y2} = (\lambda + 2\mu)\frac{\partial v_y}{\partial y} \quad ⑨,$$

$$\left(\frac{\partial}{\partial t} + d(X)\right)\tau_{xy1} = \mu\frac{\partial v_y}{\partial x} \quad ⑩, \qquad \left(\frac{\partial}{\partial t} + d(Y)\right)\tau_{xy2} = \mu\frac{\partial v_x}{\partial y} \quad ⑪ \ .$$

波動方程式

$$v_x = v_{x1} + v_{x2}, \qquad v_y = v_{y1} + v_{y2} \ ,$$

$$\rho\left(\frac{\partial}{\partial t} + d(X)\right)v_{x1} = \frac{\partial\sigma_x}{\partial x} \quad ⑫, \qquad \rho\left(\frac{\partial}{\partial t} + d(Y)\right)v_{x2} = \frac{\partial\tau_{xy}}{\partial y} \quad ⑬,$$

$$\rho\left(\frac{\partial}{\partial t} + d(X)\right)v_{y1} = \frac{\partial\tau_{yx}}{\partial x} \quad ⑭, \qquad \rho\left(\frac{\partial}{\partial t} + d(Y)\right)v_{y2} = \frac{\partial\sigma_y}{\partial y} \quad ⑮ \ .$$

①〜⑤と同様に，$\Delta x = \Delta y$ として差分化して整理すると，

$$\frac{1}{\Delta t_1} = \frac{1}{\Delta t} + \frac{d(X)}{2}, \frac{1}{\Delta t_2} = \frac{1}{\Delta t} - \frac{d(X)}{2}, \frac{1}{\Delta t_3} = \frac{1}{\Delta t} + \frac{d(Y)}{2}, \frac{1}{\Delta t_4} = \frac{1}{\Delta t} - \frac{d(Y)}{2} \ ,$$

$$(X, Y \text{は PML 内での局所座標であり，PML でない領域では} d = 0)$$

⑥'　　$(\sigma_{x1})_{i,j}^{k+1} = \frac{\Delta t_1}{\Delta t_2}(\sigma_{x1})_{i,j}^k + \frac{\Delta t_1}{\Delta x}(\lambda + 2\mu)\left[(v_x)_{i+1/2,j}^{k+1/2} - (v_x)_{i-1/2,j}^{k+1/2}\right],$

⑦'　　$(\sigma_{x2})_{i,j}^{k+1} = \frac{\Delta t_3}{\Delta t_4}(\sigma_{x2})_{i,j}^k + \frac{\Delta t_3}{\Delta x}\lambda\left[(v_y)_{i,j+1/2}^{k+1/2} - (v_y)_{i,j-1/2}^{k+1/2}\right],$

⑧'　　$(\sigma_{y1})_{i,j}^{k+1} = \frac{\Delta t_1}{\Delta t_2}(\sigma_{y1})_{i,j}^k + \frac{\Delta t_1}{\Delta x}\lambda\left[(v_x)_{i+1/2,j}^{k+1/2} - (v_x)_{i-1/2,j}^{k+1/2}\right],$

⑨'　　$(\sigma_{y2})_{i,j}^{k+1} = \frac{\Delta t_3}{\Delta t_4}(\sigma_{y2})_{i,j}^k + \frac{\Delta t_3}{\Delta x}(\lambda + 2\mu)\left[(v_y)_{i,j+1/2}^{k+1/2} - (v_y)_{i,j-1/2}^{k+1/2}\right],$

⑩'　　$(\tau_{xy1})_{i-1/2,j-1/2}^{k+1} = \frac{\Delta t_1}{\Delta t_2}(\tau_{xy1})_{i-1/2,j-1/2}^k + \frac{\Delta t_1}{\Delta x}\mu\left[(v_y)_{i,j-1/2}^{k+1/2} - (v_y)_{i-1,j-1/2}^{k+1/2}\right] \ ,$

⑪'　　$(\tau_{xy2})_{i-1/2,j-1/2}^{k+1} = \frac{\Delta t_3}{\Delta t_4}(\tau_{xy1})_{i-1/2,j-1/2}^k + \frac{\Delta t_3}{\Delta x}\mu\left[(v_x)_{i-1/2,j}^{k+1/2} - (v_x)_{i-1/2,j-1}^{k+1/2}\right] \ ,$

⑫'　　$(v_{x1})_{i-1/2,j}^{k+1/2} = \frac{\Delta t_1}{\Delta t_2}(v_{x1})_{i-1/2,j}^{k-1/2} + \frac{\Delta t_1}{\rho\Delta x}\left[(\sigma_x)_{i,j}^k - (\sigma_x)_{i-1,j}^k\right] + \Delta t_1(f_x)_{i-1/2,j}^k \ ,$

　　　　ただし，$(f_x)_{i-1/2,j}^k = \{(f_x)_{i,j}^k + (f_x)_{i-1,j}^k\}/2,$

⑬'　　$(v_{x2})_{i-1/2,j}^{k+1/2} = \frac{\Delta t_3}{\Delta t_4}(v_{x2})_{i-1/2,j}^{k-1/2} + \frac{\Delta t_3}{\rho\Delta x}\left[(\tau_{xy})_{i-1/2,j+1/2}^k - (\tau_{xy})_{i-1/2,j-1/2}^k\right] \ ,$

⑭'　　$(v_{y1})_{i,j-1/2}^{k+1/2} = \frac{\Delta t_1}{\Delta t_2}(v_{y1})_{i,j-1/2}^{k-1/2} + \frac{\Delta t_1}{\rho\Delta x}\left[(\tau_{xy})_{i+1/2,j-1/2}^k - (\tau_{xy})_{i-\frac{1}{2},j-\frac{1}{2}}^k\right],$

⑮'　　$(v_{y2})_{i,j-1/2}^{k+1/2} = \frac{\Delta t_3}{\Delta t_4}(v_{y2})_{i,j-1/2}^{k+1/2} + \frac{\Delta t_3}{\rho\Delta x}\left[(\sigma_y)_{i,j}^k - (\sigma_y)_{i,j-1}^k\right] + \Delta t_3(f_y)_{i,j-1/2}^k \ ,$

　　　　ただし，$(f_y)_{i,j-1/2}^k = \{(f_y)_{i,j}^k + (f_y)_{i,j-1}^k\}/2 \ ,$

となり，⑥'〜⑪'をすべての空間ステップ(i, j)に対し計算した後，その値を用いて⑫'〜⑮'を計算し，次の時間ステップにおいて同様の計算を繰り返す.

6.1.7　有限差分法による数値計算例

　図 6.9 は Leapfrog 法（FDTD，EFIT）を用いて，等方弾性体内の表面中央に上下方向の振動を与えたときの，波動伝搬の様子である．平面ひずみ状態を仮定し，上面は表面力ゼロの自由境界であり，他の外周 3 面は PML による吸収境界とした．加振点は，振動する物体力により設定した．加振点に変位や速度を設定値として与えた場合，反射などにより加振点を波が通過する際にも，設定した境界条件によって拘束してしまい，想定とは異なる伝搬状態を示すことがあるので注意が必要である．

　上述の Leapfrog 法では，時間ごとの粒子速度と応力が計算値として得られるが，

$$v_x = \frac{\partial u_x}{\partial t}, \qquad v_y = \frac{\partial u_y}{\partial t} , \tag{6.1.72}$$

を前進差分により差分化することで，以下の通り変位を求めることができる．

$$u_x^{k+1} = u_x^k + \Delta t \cdot v_x^{k+1/2}, \qquad u_y^{k+1} = u_y^k + \Delta t \cdot v_y^{k+1/2} , \tag{6.1.73}$$

　図 6.9 では，その変位データの発散と回転（式(3.1.16)と(3.1.17)）を表示することで，縦波成分と横波成分を個別に示した．材料内部には早く伝搬する縦波と遅れて伝搬する横波が見え，表面上には横波音速に近い速度で表面に沿って伝搬するレイリー波が現れている．

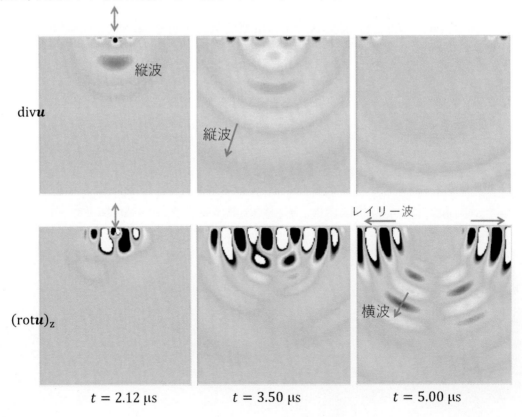

図 6.9　FDTD 法を用いた波動伝搬計算結果

平面ひずみ問題．表面中央に上下方向の振動を加振

6.2 有限要素法による弾性波伝搬の数値計算

有限要素法は，汎用的な計算手法として固体力学分野では最も広く利用されている．超音波のような弾性波伝搬の数値計算としても利用されることが多く，市販の超音波解析ソフトウェアも有限要素法を利用していることが多い．自身で有限要素法による計算コードを作成するのではなくても，そのようなソフトウェアを正しく利用する上で，有限要素法の原理および数値計算方法の概要を理解しておく必要がある．

6.2.1 仮想仕事の原理に基づく有限要素法の基礎式

有限要素法の定式化は，歴史的に様々なアプローチによる手法が開発されているが，いずれも平衡方程式や運動方程式を空間的に積分し，弱形式*化するところからスタートする．ここでは，弾性材料の動的な問題に対し広く利用される仮想仕事の原理を用いた有限要素法の定式化手法を取り上げ，その原理について述べる．

図 6.10 に示すような弾性体の閉領域 V 内において成立している関係式を列挙すると，変位-ひずみ関係式(3.1.6)

$$\varepsilon_{ij} = \frac{1}{2}\left(u_{i,j} + u_{j,i}\right), \tag{6.2.1}$$

線形弾性体の応力-ひずみ関係式，

$$\sigma_{ij} = C_{ijkl}\varepsilon_{kl}, \tag{6.2.2}$$

運動方程式(3.1.5)，

$$\rho\frac{\partial^2 u_i}{\partial t^2} = \frac{\partial \sigma_{ij}}{\partial x_j} + \rho f_i, \tag{6.2.3}$$

となる．第 3 章では等方弾性体を扱ったため，式(6.2.2)は式(3.1.10) $\sigma_{ij} = \lambda\varepsilon_{kk}\delta_{ij} + 2\mu\varepsilon_{ij}$ のようにラーメ定数を用いて表した．境界 S は図 6.10 のように変位規定の境界 S_U と応力規定の境界 S_T に分けられ，以下のような境界条件が成立するとする．

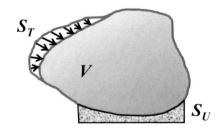

図 6.10 閉領域 V および表面における境界条件

*弱形式:2 階の空間微分を含む波動方程式を強形式と言うのに対し，1 階の空間微分と空間積分の形で表現される波動方程式の変換形式を弱形式という．固体材料の有限要素法計算では，節点ごとの未知変位と形状関数により任意位置の変位を表現する．このとき，2 階微分が存在することにより不都合が生じるが，弱形式に変換することにより節点変位および形状関数の組み合わせにより支配方程式を表現することができる．

$$u_i = \bar{u}_i \qquad\qquad \text{on } S_U \ ,$$
$$t_i = \bar{t}_i \ , \qquad\qquad \text{on } S_T \ . \tag{6.2.4}$$

このとき，領域 V が微小変形により $u_i + \delta u_i$ になった場合においても，上式の境界条件を満たすとすると，仮想変位 δu_i は変位境界 S_U において 0 となる．表面力 t_i および物体力 f_i などの外力が，このような仮想変位に対してなす仕事（外部仮想仕事）は，

$$\delta W_E = \int_{S_T} t_i \delta u_i \mathrm{d}S + \int_V \rho f_i \delta u_i \mathrm{d}V = \int_S t_i \delta u_i \mathrm{d}S + \int_V \rho f_i \delta u_i \mathrm{d}V \ , \tag{6.2.5}$$

となる．コーシーの関係式 $t_i = \sigma_{ij} n_j$ を代入し，ガウスの発散定理を利用すると，右辺第 1 項は

$$\int_S t_i \delta u_i \mathrm{d}S = \int_S \sigma_{ij} n_j \delta u_i \mathrm{d}S = \int_V (\sigma_{ij} \delta u_i)_{,j} \mathrm{d}V$$
$$= \int_V (\sigma_{ij,j} \delta u_i + \sigma_{ij} \delta u_{i,j}) \mathrm{d}V \ , \tag{6.2.6}$$

のように体積積分に変形できる．さらにかっこ内の第 2 項は応力の対称性 $\sigma_{ij} = \sigma_{ji}$ より

$$\sigma_{ij} \delta u_{i,j} = \frac{1}{2} [\sigma_{ij} \delta u_{i,j} + \sigma_{ji} \delta u_{j,i}] = \sigma_{ij} \delta \varepsilon_{ij} \ , \tag{6.2.7}$$

と表せるので，外部仮想仕事（式(6.2.5)）は，

$$\delta W_E = \int_V \left(\frac{\partial \sigma_{ij}}{\partial x_j} \delta u_i + \sigma_{ij} \delta \varepsilon_{ij} \right) \mathrm{d}V + \int_V \rho f_i \delta u_i \mathrm{d}V \ , \tag{6.2.8}$$

となる．さらに運動方程式(6.2.3)を式(6.2.8)に代入すると，

$$\delta W_E = \int_V \rho \frac{\partial^2 u_i}{\partial t^2} \delta u_i \mathrm{d}V + \int_V \sigma_{ij} \delta \varepsilon_{ij} \mathrm{d}V \ , \tag{6.2.9}$$

が得られる．式(6.2.9)の右辺第 1 項は仮想変位 δu_i による運動エネルギの増分を表しており，右辺第 2 項は仮想変位 δu_i による内部ひずみエネルギの増分を示す．式(6.2.5)と式(6.2.9)より，外部仮想仕事とエネルギ増分の関係式が以下のように与えられ，

$$\int_V \rho \frac{\partial^2 u_i}{\partial t^2} \delta u_i \mathrm{d}V + \int_V \sigma_{ij} \delta \varepsilon_{ij} \mathrm{d}V = \int_{S_T} t_i \delta u_i \mathrm{d}S + \int_V \rho f_i \delta u_i \mathrm{d}V \ , \tag{6.2.10}$$

これが仮想仕事の原理に基づく有限要素法の基礎式である．この基礎式は，仮想変位 δu_i を重みとした重み付き残差法であると捉えることもでき，また，関係式(6.2.1)－(6.2.3)を境界条件(6.2.4)において変分原理を用いて解く際の停留条件であると捉えることもできる．

6.2.2　離散化による全体系の運動方程式の導出

　有限要素法を用いた数値計算では，領域を有限の要素に分割し，節点における変数を上述の基礎式により求めるという操作を行う．そのとき，変位やひずみなどは行列表記のほうが好都合であることが多いため，以下では行列・ベクトル表記した変位，ひずみを用いる．また，差分法の場合同様，最も簡単な例として，2 次元平面ひずみ状態において等方性材料中を伝搬する SH 波を扱うこととする．すなわち，$u_1 = u_2 = \partial/\partial x_3 = 0$であり，このとき，非零となる変位，ひずみ，応力をベクトルで表記すると，

$$\mathbf{u} = (u_z), \qquad \boldsymbol{\varepsilon} = (\gamma_{zx} \quad \gamma_{yz})^{\mathrm{T}}, \qquad \boldsymbol{\sigma} = (\tau_{zx} \quad \tau_{yz})^{\mathrm{T}}, \qquad (6.2.11)$$

となる．$\mathbf{L} = \begin{pmatrix} \frac{\partial}{\partial x} & \frac{\partial}{\partial y} \end{pmatrix}^T$ という演算子を導入すると，

$$\boldsymbol{\varepsilon} = \mathbf{L}\mathbf{u} \ , \qquad (6.2.12)$$

となり，応力-ひずみ関係式(6.2.2)は，

$$\boldsymbol{\sigma} = \mathbf{D}\boldsymbol{\varepsilon} \ , \qquad (6.2.13)$$

と表せる．ここで，等方弾性体の場合，剛性マトリックス$\mathbf{D}$は，

$$\mathbf{D} = \begin{pmatrix} \mu & 0 \\ 0 & \mu \end{pmatrix} \qquad (6.2.14)$$

のように表せる．ただし，μ はラーメ定数である．超音波伝搬の数値計算などを行う場合には，弾性体の音速を材料定数として与えることが多く，この場合横波音速c_Tを用いて，

$$\mathbf{D} = \begin{pmatrix} \rho c_T^2 & 0 \\ 0 & \rho c_T^2 \end{pmatrix} , \qquad (6.2.15)$$

を用いることができる．ただし，ρ は弾性体の密度を表す．

　ここで，図 6.11 に示すように材料内部に微小要素を想定し，そのj 番目の要素V^jの節点における変位成分で構成されたベクトルを$\mathbf{U}^j$とおく．このとき，微小要素内の任意点の変位ベクトルは，次のように形状関数$\mathbf{N}$を用いて補間できるものとする．

$$\mathbf{u} = \mathbf{N}\mathbf{U}^j \ , \qquad (6.2.16)$$

このとき，式(6.2.12)で与えられるひずみベクトル$\boldsymbol{\varepsilon}$は，

$$\boldsymbol{\varepsilon} = \mathbf{B}\mathbf{U}^j, \qquad \mathbf{B} = \mathbf{L}\mathbf{U}, \qquad (6.2.17)$$

となり，また，式(6.2.13)の応力ベクトルは

$$\boldsymbol{\sigma} = \mathbf{D}\mathbf{B}\mathbf{U}^j \ , \qquad (6.2.18)$$

のように表せる．

　節点変位ベクトル$\mathbf{U}^j$と形状関数$\mathbf{N}$の成分は，微小要素の形状と節点の取り方によって異なり，計算精度にも影響を与える．ただし，動弾性問題の有限要素法の場合，波長や振動分布に比べ十分小さい要素をとることにより，計算精度は十分保障されることが多く，要素分割法による影響は比較的小さいことが多い．

　以下，図6.11のように微小要素が矩形でその四隅に節点を設ける1次アイソパラメトリック要素を取り上げ，有限要素法の基礎式の導出を行っていく．j番目の要素の四隅における節点変位をそれぞれ図中に示すようにU_1^j, U_2^jなどとおくと，

$$\mathbf{U}^j = (U_1^j \quad U_2^j \quad U_3^j \quad U_4^j)^T, \tag{6.2.19}$$
$$\mathbf{N} = (N_1 \quad N_2 \quad N_3 \quad N_4), \tag{6.2.20}$$

と書ける．ここで，$N_i\ (i=1,...,4)$は，矩形要素の左右において$\xi = \pm 1$をとり，上下においては$\eta = \pm 1$をとる局所座標ξ, ηにより以下のように表される．

$$N_1, N_2, N_3, N_4 = \frac{1}{4}(1-\xi)(1-\eta), \qquad \frac{1}{4}(1+\xi)(1-\eta)$$
$$, \frac{1}{4}(1+\xi)(1+\eta), \qquad \frac{1}{4}(1-\xi)(1+\eta) . \tag{6.2.21}$$

式(6.2.19)−(6.2.21)は，要素の形状や節点の取り方などにより異なり，三角形要素や高次パラメトリック要素なども広く用いられている．また，式(6.2.17), (6.2.18)中の行列$\mathbf{B}$は微分作用素$\mathbf{L}$と形状関数$\mathbf{N}$から構成されており，形状関数内の局所座標ξ, ηを全体座標x, yにより微分することで導出される．

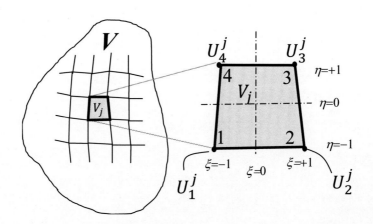

図6.11　四角形1次アイソパラメトリック要素

式(6.2.10)において指標表記で示した仮想仕事の原理に基づく有限要素法の基礎式を，式(6.2.11)－(6.2.13)の変位，ひずみ，応力ベクトル等を用いてベクトル表記で示すと

$$\int_{V^j} \delta \mathbf{u}^T \rho \frac{\partial^2 \mathbf{u}}{\partial t^2} \mathrm{d}V + \int_{V^j} \delta \boldsymbol{\varepsilon}^T \boldsymbol{\sigma} \mathrm{d}V = \int_{S^j} \delta \mathbf{u}^T \mathbf{T} \mathrm{d}S + \int_{V^j} \delta \mathbf{u}^T \rho \mathbf{f} \ \mathrm{d}V ,$$

(6.2.22)

となる．ただし図 6.11 のような 2 次元問題では，$\int_{V^j} \bullet \mathrm{d}V$ は j 番目の要素における面積分を示しており，$\int_{S^j} \bullet \mathrm{d}S$ は j 番目の要素の境界表面における線積分である．また，$\mathbf{T}$ は境界 S^j 上に隣接する要素や外部より負荷される表面力ベクトルであり，$\mathbf{f}$ は j 番目の要素にかかる単位面積あたりの物体力を示すベクトルである．式(6.2.22)に式(6.2.16)を代入し仮想節点変位 $\delta \mathbf{U}^j$ の任意性を考慮して整理すると，j 番目の要素に対して

$$\mathbf{M}^j \ddot{\mathbf{U}}^j + \mathbf{K}^j \mathbf{U}^j = \mathbf{F}^j ,$$

(6.2.23)

という形の運動方程式を導くことができる．ここで $\ddot{\mathbf{U}}^j$ は節点変位ベクトル $\mathbf{U}^j$ の時間 t による 2 階微分であり，質量行列 $\mathbf{M}^j$，剛性行列 $\mathbf{K}^j$ および等価節点力ベクトル $\mathbf{F}^j$ は以下のように示される．

$$\mathbf{M}^j = \int_{V^j} \mathbf{N}^T \rho \mathbf{N} \mathrm{d}V , \qquad \mathbf{K}^j = \int_{V^j} \mathbf{B}^T \mathbf{D} \mathbf{B} \mathrm{d}V ,$$
$$\mathbf{F}^j = \int_{S^j} \mathbf{N}^T \mathbf{T} \mathrm{d}S + \int_{V^j} \mathbf{N}^T \rho \mathbf{f} \ \mathrm{d}V .$$

(6.2.24)

このうち，質量行列 $\mathbf{M}^j$，剛性行列 $\mathbf{K}^j$ は各要素について数値積分などにより求めることができ，等価節点力ベクトル $\mathbf{F}^j$ は，外力の作用する領域のみに対し境界条件から計算される．すべての要素に対し，これらを計算し，すべての節点および等価節点力ベクトルに関する関係式を構築すると，系全体の運動方程式

$$\mathbf{M} \ddot{\mathbf{U}} + \mathbf{K} \mathbf{U} = \mathbf{F} ,$$

(6.2.25)

が得られる．ここで，全系の節点変位ベクトル $\mathbf{U}$ は，系全体の節点に対する変位成分を並べたベクトルであり，たとえば図 6.12 では，左上角の 1 番目の節点における変位 U_1 は，$j = 1$ 番目の要素の 4 つあるうちの 1 番目の節点における変位 U_1^1 であり，$U_1 = U_1^{j=1}$ である．また，その下の 2 番目の節点における変位 U_2 は，$j = 1$ 番目の要素の 4 つあるうちの 2 番目の節点における変位 $U_2^{j=1}$ であり，$j = 2$ 番目の要素の 4 つあるうちの 1 番目の節点における変位 $U_1^{j=2}$ でもあるので，$U_2 = U_2^1 = U_1^2$ である．一方，節点力ベクトルは，各要素から計算される節点力ベクトルの総和が全体系の節点における節点力ベクトルとなる．たとえば，2 番目の節点における節点力ベクトル F_2 は，$j = 1$ 番目の要素から計算される 2 番目の節点力ベクトル $F_2^{j=1}$ と $j = 2$ 番目の要素から計算される 1 番目の節点力ベクトル $F_1^{j=2}$ の和

として，$F_2 = F_2^1 + F_1^2$で表される．全体系の質量マトリクス**M**と剛性マトリクス**K**は，これらを考慮して組み合わせて 16 個の方程式(6.2.25)となるよう構築する．これが有限要素法における動的問題の基礎式であり，この全体変位ベクトル**U**は，コンピュータを用いた算出アルゴリズムにより非常に効率よく計算することが可能である．

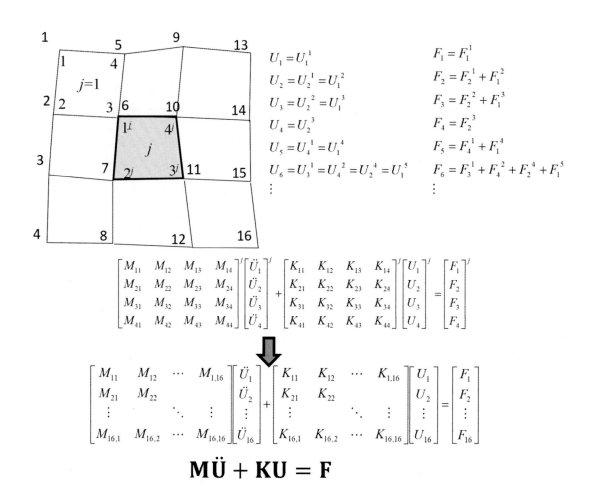

$$\mathbf{M\ddot{U}} + \mathbf{KU} = \mathbf{F}$$

図 6.12　全体系の運動方程式の構築

6.2.3　過渡的応答，周波数応答

（１）時間領域による過渡的応答の計算

　上述の例では，等方性弾性体中の SH 波に対する有限要素法の基礎式を得た．3 次元問題や異方性材料，3 方向に変位成分を持つ場合などに対しても，式(6.2.25)の形で基礎式が得られる．また，材料中の粘性などによる振動の減衰を考慮する場合には，粘性項$\mathbf{C\dot{U}}$が追加され，

$$\mathbf{M\ddot{U}} + \mathbf{C\dot{U}} + \mathbf{KU} = \mathbf{F} , \tag{6.2.26}$$

という形で表現されることが多い．この時間に関する微分方程式は，様々な手法で解くこ

とができる.

例えば,差分法で用いたような中央差分を用いると,等間隔Δtで離散化されたk番目,$k-1$番目の節点変位ベクトル$\mathbf{U}^k$,$\mathbf{U}^{k-1}$を用いて,速度$\dot{\mathbf{U}}$および加速度$\ddot{\mathbf{U}}$は以下のように書ける.

$$\dot{\mathbf{U}}^k = \frac{\mathbf{U}^{k+1} - \mathbf{U}^k}{2\Delta t}, \qquad \ddot{\mathbf{U}}^k = \frac{\mathbf{U}^{k+1} + \mathbf{U}^{k-1} - 2\mathbf{U}^k}{(\Delta t)^2}. \tag{6.2.27}$$

これを式(6.2.26)に代入して整理すると

$$\mathbf{U}^{k+1} = \left(\frac{\mathbf{M}}{(\Delta t)^2} + \frac{\mathbf{C}}{2\Delta t}\right)^{-1} \left[\left(\frac{2\mathbf{M}}{(\Delta t)^2} - \mathbf{K}\right)\mathbf{U}^k + \left(-\frac{\mathbf{M}}{(\Delta t)^2} + \frac{\mathbf{C}}{2\Delta t}\right)\mathbf{U}^{k-1} + \boldsymbol{F}^k\right], \tag{6.2.28}$$

となり,$k+1$番目の時間ステップにおける節点変位ベクトルをk番目,$k-1$番目の節点変位ベクトルを利用して求めることができる.

式(6.2.28)右辺の逆行列は,$k+1$番目の時間ステップにおける節点変位ベクトル$\mathbf{U}^{k+1}$を求めるために,連立方程式を解く必要があることを意味している.このようにある節点変位を求めるために,他の同時間ステップの節点変位との相互作用を考慮する必要のある解法のことを陰解法と呼ぶ.連立方程式を解くプロセスがあるため,計算時間がかかるという問題がある.そこで,式(6.2.28)右辺の逆行列を対角成分のみに集中させるように近似することで,連立方程式を解かずに計算時間を短縮する手法がある.このとき,$\mathbf{U}^{k+1}$の各成分は,他の成分と無関係に(陽に)解くことができるので,陽解法と呼ばれる.

陽解法の場合には,差分法同様,以前の時間ステップの情報のみから現在の情報を計算するため,以前の計算誤差を継承し解を発散することがある.このような誤差を回避するためにも,前出のクーラン条件が参考になる.陰解法では,誤差が増大して発散することは少ないものの,前ステップのデータを使うため,正しく計算するためには波形の周期に比べ十分小さい時間ステップにする必要はある.

中央差分を用いる方法の他,計算精度と安定性を考慮して,線形加速度法やニューマークβ法などが広く利用されている.

（２）周波数領域における計算

固有振動解析など周波数応答が解析対象である場合,式(6.2.26)の解を角周波数ωの調和波

$$\mathbf{U} = \overline{\mathbf{U}}\exp(i\omega t) \quad \text{or} \quad \mathbf{U} = \overline{\mathbf{U}}\exp(-i\omega t), \tag{6.2.29}$$

であると仮定して,式(6.2.26)を

$$(-\omega^2 \mathbf{M} + i\omega \mathbf{C} + \mathbf{K})\overline{\mathbf{U}} = \overline{\mathbf{F}} , \qquad\qquad (6.2.30)$$

とし，節点変位ベクトルのωの角周波数成分

$$\overline{\mathbf{U}} = (-\omega^2 \mathbf{M} + i\omega \mathbf{C} + \mathbf{K})^{-1}\overline{\mathbf{F}} , \qquad\qquad (6.2.31)$$

を求めることができる．ただし，$\overline{\mathbf{F}}$は節点外力ベクトルに対するωの角周波数成分を示し，

$$\overline{\mathbf{F}}(\omega) = \int_{-\infty}^{\infty} \mathbf{F}(t)\exp(i\omega t)\,dt \quad \text{or} \quad \overline{\mathbf{F}}(\omega) = \int_{-\infty}^{\infty} \mathbf{F}(t)\exp(-i\omega t)\,dt,$$

$$(6.2.32)$$

である．時間微分の項がなくなるため，時間差分による近似が不要であり，ある角周波数の調和波に対して，安定的で精度の良い計算が可能となる．また，この解は逆フーリエ変換（またはフーリエ変換）によって時間領域の過渡的な応答解に変換することも可能である．ただし，この際，サンプリング周波数と時間間隔および周波数間隔と時間長の関係を考慮する必要がある．

6.3　ガイド波の数値計算のための有限要素法特殊解法（半解析的有限要素法）

　ガイド波は，薄板やパイプ，その他棒状材料（wave guide）を長手方向に伝搬する弾性波の総称である．無限媒体中を伝搬する縦波や横波に比べ，拡散減衰が小さいため非常に長距離を伝搬することがある．このガイド波を用いた非破壊検査が広く利用されるようになってきているが，その波動伝搬はこれまでの縦波，横波のようなバルク波とは大きく異なっているため，測定波形から適切に解析できないことも少なくない．このような場合に，波動伝搬の数値計算は非常に有効である．しかし，ガイド波は波長に比べ長距離を伝搬するため，これまでの有限差分法や有限要素法を用いてそのような長距離のガイド波伝搬の計算を行おうとすると，膨大な計算時間とメモリが必要となる．そのような場合に，以下の半解析的有限要素法によるガイド波の数値計算は非常に有効な手段となる．

6.3.1　半解析的有限要素法による支配方程式[4-6]

　ここでは図 6.13 に示すような任意断面形状の棒状材料について，デカルト座標系を用いた 3 次元問題の定式化を代表例として述べる．平板中のラム波や SH 板波の問題，円筒座標系を用いたパイプ構造でのガイド波の問題などでは，変数や次元が異なるため，行列やベクトルの成分数やひずみと変位の関係式，応力ひずみ関係式などが異なるが，導出過程

はほぼ同じである．

はじめに，図 **6.13** のようにz方向に無限に長い棒状材料の領域を小さな四角柱要素に分割する．要素内部の任意点(x, y, z)における変位，ひずみ，応力，表面力ベクトルを

$$\mathbf{u} = \begin{bmatrix} u_x \\ u_y \\ u_z \end{bmatrix}, \qquad \boldsymbol{\varepsilon} = \begin{bmatrix} \varepsilon_x \\ \varepsilon_y \\ \varepsilon_z \\ \gamma_{yz} \\ \gamma_{zx} \\ \gamma_{xy} \end{bmatrix}, \qquad \boldsymbol{\sigma} = \begin{bmatrix} \sigma_x \\ \sigma_y \\ \sigma_z \\ \tau_{yz} \\ \tau_{zx} \\ \tau_{xy} \end{bmatrix}, \qquad \mathbf{t} = \begin{bmatrix} t_x \\ t_y \\ t_z \end{bmatrix}, \qquad (6.3.1)$$

とおくと，j 番目の四角柱要素における支配方程式は，仮想仕事の原理（6.2.22）を用いて次のように書ける．

$$\int_{V^j} \delta \mathbf{u}^T \rho \frac{\partial^2 \mathbf{u}}{\partial t^2} \mathrm{d}V + \int_{V^j} \delta \boldsymbol{\varepsilon}^T \boldsymbol{\sigma} \mathrm{d}V = \int_{S^j} \delta \mathbf{u}^T \mathbf{t} \mathrm{d}S + \int_{V^j} \delta \mathbf{u}^T \rho \mathbf{f} \ \mathrm{d}V.$$

$$(6.3.2)$$

$\int_{S^j} \bullet \, \mathrm{d}S, \int_{V^j} \bullet \, \mathrm{d}V$はそれぞれ図 **6.13** に示した$j$ 番目の四角柱要素における表面積分と体積積分である．

ここで，角周波数ωの調和波振動$\exp(-i\omega t)$を考える．線形弾性体ではある角周波数で得られた解は独立しており，他の角周波数値に対する解に影響しない．そのため，ある角周波数ωにおいて議論を進め，最後にそれらの重ね合わせにおいて，過渡的な応答を求めることができる．また調和振動は$\exp(-i\omega t)$でも$\exp(i\omega t)$でもいずれを用いてもよいが，$\exp(-i\omega t)$の場合には，$+x$方向の進行波は$\exp(ikx)$で表され（ただし$k > 0$），$\exp(i\omega t)$の場合には$\exp(-ikx)$が進行波となる．さて，このときj 番目の要素内の任意点における変位ベクトルは

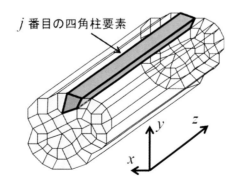

j 番目の四角柱要素

図 6.13　半解析的有限要素法による要素分割

$$\mathbf{u} = \mathbf{N}(x, y)\mathbf{U}^j(z)\exp(-i\omega t) \ , \tag{6.3.3}$$

のように，j 番目の要素における節点（ここで想定した四角柱要素では，z方向に伸びる節線というのが自然かもしれない）における変位ベクトル$\mathbf{U}^j(z)$とその節点間を補完する形状関数$\mathbf{N}(x, y)$によって表される．4 節点要素の場合，変位ベクトル$\mathbf{U}^j(z)$および形状関数$\mathbf{N}(x, y)$は，

$$\mathbf{U}^j(z) = \begin{bmatrix} u_x^{j1} & u_y^{j1} & u_z^{j1} & u_x^{j2} & u_y^{j2} & u_z^{j2} & u_x^{j3} & u_y^{j3} & u_z^{j3} & u_x^{j4} & u_y^{j4} & u_z^{j4} \end{bmatrix}^T,$$

$$\mathbf{N}(x, y) = \begin{bmatrix} N_1 & 0 & 0 & N_2 & 0 & 0 & N_3 & 0 & 0 & N_4 & 0 & 0 \\ 0 & N_1 & 0 & 0 & N_2 & 0 & 0 & N_3 & 0 & 0 & N_4 & 0 \\ 0 & 0 & N_1 & 0 & 0 & N_2 & 0 & 0 & N_3 & 0 & 0 & N_4 \end{bmatrix} \ , \tag{6.3.4}$$

となる．ここで，$N_i \ (i = 1, \dots, 4)$は断面を図 6.11 のような四角形アイソパラメトリック要素として扱った場合の内挿関数であり，式(6.2.21)のように与えられる．再掲すると，

$$N_1, N_2, N_3, N_4 = \frac{1}{4}(1 - \xi)(1 - \eta), \qquad \frac{1}{4}(1 + \xi)(1 - \eta)$$

$$, \frac{1}{4}(1 + \xi)(1 + \eta), \qquad \frac{1}{4}(1 - \xi)(1 + \eta) \ . \tag{6.3.5}$$

である．変位ベクトル$\mathbf{U}^j(z)$はz についての関数であるのでフーリエ変換形を用いて次のように書き換えられる．

$$\mathbf{U}^j(z) = \int_{-\infty}^{+\infty} \overline{\mathbf{U}}^j \exp(i\alpha z)\,\mathrm{d}\alpha \ , \tag{6.3.6}$$

つまり，変位ベクトル$\mathbf{U}^j(z)$は$\overline{\mathbf{U}}^j \exp(i\alpha z)$の重ね合わせで表され，ある波数$\alpha$について議論し，最後に積分して解を求めることができる．波数αに対し任意点の変位は，

$$\mathbf{u} = \mathbf{N}(x, y)\overline{\mathbf{U}}^j \exp(i\alpha z - i\omega t), \tag{6.3.7}$$

となる．

一方，ひずみベクトルは，ひずみと変位の関係式から

$$\boldsymbol{\varepsilon} = \left[\mathbf{L}_x \frac{\partial}{\partial x} + \mathbf{L}_y \frac{\partial}{\partial y} + \mathbf{L}_z \frac{\partial}{\partial z}\right]\mathbf{u} \ ,$$

$$\mathbf{L}_x = \begin{bmatrix} 1 & 0 & 0 \\ 0 & 0 & 0 \\ 0 & 0 & 0 \\ 0 & 0 & 0 \\ 0 & 0 & 1 \\ 0 & 1 & 0 \end{bmatrix}, \qquad \mathbf{L}_y = \begin{bmatrix} 0 & 0 & 0 \\ 0 & 1 & 0 \\ 0 & 0 & 0 \\ 0 & 0 & 1 \\ 0 & 0 & 0 \\ 1 & 0 & 0 \end{bmatrix}, \qquad \mathbf{L}_z = \begin{bmatrix} 0 & 0 & 0 \\ 0 & 0 & 0 \\ 0 & 0 & 1 \\ 0 & 1 & 0 \\ 1 & 0 & 0 \\ 0 & 0 & 0 \end{bmatrix}, \tag{6.3.8}$$

とかける．式(6.3.7)を式(6.3.8)の第1式に代入すると，

$$\varepsilon = (\mathbf{B}_1 + i\alpha\mathbf{B}_2)\overline{\mathbf{U}}^j \exp(i\alpha z - i\omega t) \ ,$$

$$\mathbf{B}_1 = \mathbf{L}_x\mathbf{N}_{,x} + \mathbf{L}_y\mathbf{N}_{,y} \ , \qquad \mathbf{B}_2 = \mathbf{L}_z\mathbf{N} \ , \tag{6.3.9}$$

が得られる．ここで，$\mathbf{N}_{,x}$，$\mathbf{N}_{,y}$は形状関数$\mathbf{N}$のx，y に関する微分であり，

$$\begin{bmatrix} \dfrac{\partial N_k}{\partial x} \\ \dfrac{\partial N_k}{\partial y} \end{bmatrix} = J^{-1} \begin{bmatrix} \dfrac{\partial N_k}{\partial \xi} \\ \dfrac{\partial N_k}{\partial \eta} \end{bmatrix} \ , \tag{6.3.10}$$

の関係を用いて求められる．ここでJはヤコビアンであり，以下のように要素内の4節点の座標x_k, y_kを用いて表すことができる．

$$J = \begin{bmatrix} \dfrac{\partial x}{\partial \xi} & \dfrac{\partial y}{\partial \xi} \\ \dfrac{\partial x}{\partial \eta} & \dfrac{\partial y}{\partial \eta} \end{bmatrix} = \begin{bmatrix} \dfrac{\partial N_1}{\partial \xi} & \dfrac{\partial N_2}{\partial \xi} & \dfrac{\partial N_3}{\partial \xi} & \dfrac{\partial N_4}{\partial \xi} \\ \dfrac{\partial N_1}{\partial \eta} & \dfrac{\partial N_2}{\partial \eta} & \dfrac{\partial N_3}{\partial \eta} & \dfrac{\partial N_4}{\partial \eta} \end{bmatrix} \begin{bmatrix} x_1 & y_1 \\ x_2 & y_2 \\ x_3 & y_3 \\ x_4 & y_4 \end{bmatrix} . \tag{6.3.11}$$

応力ベクトル$\boldsymbol{\sigma}$は6行6列の弾性係数行列$\mathbf{c}$を用いて応力ひずみ関係から

$$\boldsymbol{\sigma} = \mathbf{c}\boldsymbol{\varepsilon} \ , \tag{6.3.12}$$

と書ける．また，式(6.3.7)の変位ベクトル$\mathbf{u}$と同様に，外力ベクトル$\mathbf{t}$は節点外力ベクトル$\overline{\mathbf{T}}^j$を用いて以下のように書ける．

$$\mathbf{t} = \mathbf{N}\overline{\mathbf{T}}^j \exp(i\alpha z - i\omega t) \ . \tag{6.3.13}$$

ここで，仮想変位として波数β，角周波数Ωの調和波を考えると，

$$\delta\mathbf{u} = \mathbf{N}\delta\overline{\mathbf{U}}^j \exp(i\beta z - i\Omega t) \ . \tag{6.3.14}$$

ただし，$\delta\overline{\mathbf{U}}^j$は，$\overline{\mathbf{U}}^j$と同様に波数領域で表した$j$番目の要素内の節点変位ベクトルであるが，$\overline{\mathbf{U}}^j$とは無関係なベクトルである．このとき，仮想ひずみ$\delta\boldsymbol{\varepsilon}$は

$$\delta\boldsymbol{\varepsilon} = (\mathbf{B}_1 + i\beta\mathbf{B}_2)\,\delta\overline{\mathbf{U}}^j \exp(i\beta z - i\Omega t) \ , \tag{6.3.15}$$

である．物体力$\mathbf{f} = 0$として，式(6.3.2)に式(6.3.9)−(6.3.15)を代入すると次のように書ける．

$$-\delta\overline{\mathbf{U}}^{jT}\omega^2 \int_{V^j} \rho\mathbf{N}^T\mathbf{N}\exp\{i(\alpha+\beta)z\}\mathrm{d}V\,\overline{\mathbf{U}}^j e^{-2i(\omega+\Omega)t}$$

$$+\delta\overline{\mathbf{U}}^{jT} \int_{V^j} (\mathbf{B}_1^T + i\beta\mathbf{B}_2^T)\mathbf{c}(\mathbf{B}_1 + i\alpha\mathbf{B}_2)\exp\{i(\alpha+\beta)z\}\mathrm{d}V\,\overline{\mathbf{U}}^j e^{-2i(\omega+\Omega)t}$$

$$= \delta\overline{\mathbf{U}}^{jT} \int_{S^j} \mathbf{N}^T\mathbf{N} \exp\{i(\alpha+\beta)z\}\mathrm{d}S\, \overline{\mathbf{T}}^j e^{-2i(\omega+\Omega)t} \ . \tag{6.3.16}$$

ここで，共通項$\delta\overline{\mathbf{U}}^{jT}$，$e^{-2i(\omega+\Omega)t}$を消去し，左辺の体積積分と右辺の面積分が，図6.13の四角柱要素において，

$$\int_{V^j} \bullet\, \mathrm{d}V = \int_z \int_{A^j} \bullet\, \mathrm{d}Adz, \qquad \int_{S^j} \bullet\, \mathrm{d}S = \int_z \int_{C^j} \bullet\, \mathrm{d}Cdz, \tag{6.3.17}$$

のように，四角柱要素の断面A^jおよびその断面まわりC^jの積分を用いて表すことができるので，式(6.3.16)は以下のように整理される．

$$\left[\int_{A^j} (\mathbf{B}_1^T + i\beta\mathbf{B}_2^T)\mathbf{c}(\mathbf{B}_1 + i\alpha\mathbf{B}_2)\mathrm{d}A\, \overline{\mathbf{U}}^j - \omega^2 \int_{A^j} \rho\mathbf{N}^T\mathbf{N}\mathrm{d}A\, \overline{\mathbf{U}}^j - \int_{C^j} \mathbf{N}^T\mathbf{N}\mathrm{d}C\, \overline{\mathbf{T}}^j \right]$$
$$\cdot \int_z \exp\{i(\alpha+\beta)z\}\mathrm{d}z = \mathbf{0} \tag{6.3.18}$$

z方向の無限に長い棒状材料を考える場合，

$$\int_z \exp\{i(\alpha+\beta)z\}\mathrm{d}z = \int_{-\infty}^{+\infty} \exp\{i(\alpha+\beta)z\}\mathrm{d}z = 2\pi\delta(\alpha+\beta) \tag{6.3.19}$$

となり，式(6.3.18)が波動場を表す式として成立する条件として$\beta = -\alpha$ が得られる．このとき，式(6.3.18)は

$$\overline{\mathbf{F}}^j = \left(\mathbf{K}_1^j + i\alpha\mathbf{K}_2^j + \alpha^2\mathbf{K}_3^j \right)\overline{\mathbf{U}}^j - \omega^2\mathbf{M}^j\overline{\mathbf{U}}^j, \tag{6.3.20}$$

$$\left. \begin{aligned} \overline{\mathbf{F}}^j &= \int_{C^j} \mathbf{N}^T\mathbf{N}\, dC\overline{\mathbf{T}}^j \ , \\ \mathbf{K}_1^j &= \int_{A^j} \mathbf{B}_1^T\mathbf{c}\mathbf{B}_1\, \mathrm{d}A, \quad \mathbf{K}_2^j = \int_{A^j} (\mathbf{B}_1^T\mathbf{c}\mathbf{B}_2 - \mathbf{B}_2^T\mathbf{c}\mathbf{B}_1)\, \mathrm{d}A \ , \\ \mathbf{K}_3^j &= \int_{A^j} \mathbf{B}_2^T\mathbf{c}\mathbf{B}_2\, \mathrm{d}A, \quad \mathbf{M}^j = \int_{A^j} \rho\mathbf{N}^T\mathbf{N}\, \mathrm{d}A \ , \end{aligned} \right\} \tag{6.3.21}$$

と表せ，$\mathbf{K}_1^j, \mathbf{K}_2^j, \mathbf{K}_3^j, \mathbf{M}^j$ の各行列（12×12）は数値積分によって求められる．また，$\overline{\mathbf{F}}^j$は節点力ベクトルに相当する．

ここで，6.2.2項で示した有限要素法の場合と同様に，式(6.3.20)を全要素に適用して，共通項を重ね合わせると，全系に対する支配方程式

$$\overline{\mathbf{F}} = (\mathbf{K}_1 + i\alpha\mathbf{K}_2 + \alpha^2\mathbf{K}_3)\overline{\mathbf{U}} - \omega^2\mathbf{M}\overline{\mathbf{U}} \ , \tag{6.3.22}$$

が得られる．$\mathbf{K}_1, \mathbf{K}_2, \mathbf{K}_3, \mathbf{M}$ は断面の形状や材料特性によって決定される $M\times M$行列（M

は節点数の3倍の数），$\overline{\mathbf{F}}$は境界条件によって決定される節点力ベクトルの$\exp(i\alpha z)$成分（M×1）である．

6.3.2　変位解の導出

有限要素法の支配方程式は周波数領域において式(6.2.30)のように与えられ，変位解が式(6.2.31)のように容易に求められるのに対し，半解析的有限要素法では，式(6.3.22)のようになっており，ある周波数に対して，変位解$\overline{\mathbf{U}}$だけでなく波数αも未知であるので，解を求めるためには，$\overline{\mathbf{F}}=\mathbf{0}$とした場合の固有値$\alpha$を求めるところからスタートする．式(6.3.22)の$\overline{\mathbf{F}}=\mathbf{0}$とした式は，$\alpha$ に関する非線形固有値問題となっているので，以下のように変形により線形固有値問題とする．

$$(\mathbf{A}-\alpha\mathbf{B})\mathbf{Q}=\mathbf{P}\ ,\tag{6.3.23}$$

$$\mathbf{A}=\begin{bmatrix}\mathbf{0}&\mathbf{K}_1-\omega^2\mathbf{M}\\\mathbf{K}_1-\omega^2\mathbf{M}&i\mathbf{K}_2\end{bmatrix},$$
$$\mathbf{B}=\begin{bmatrix}\mathbf{K}_1-\omega^2\mathbf{M}&\mathbf{0}\\\mathbf{0}&-\mathbf{K}_3\end{bmatrix},\qquad\mathbf{Q}=\begin{bmatrix}\overline{\mathbf{U}}\\\alpha\overline{\mathbf{U}}\end{bmatrix},\qquad\mathbf{P}=\begin{bmatrix}\mathbf{0}\\\overline{\mathbf{F}}\end{bmatrix},\tag{6.3.24}$$

ここで，$\mathbf{A},\mathbf{B}$は$2M\times2M$行列である．式(6.3.23)を解くためには，$(\mathbf{A}-\alpha\mathbf{B})\mathbf{Q}=\mathbf{0}$の固有値および左右固有ベクトルを求める必要がある．これらを求める数値演算ライブラリは数多く開発されており，たとえば LAPACK の geev などを用いると，$2M$個すべての固有値α_mと左右固有ベクトルϕ_m^{L}（$1\times2M$の行ベクトル），ϕ_m^{R}（$2M\times1$の列ベクトル）を求めることができる（$m=1,2,\ldots,2M$）．また，ARPACK を用いると大規模固有値問題の計算が可能となる．固有値α_mと左右固有ベクトルϕ_m^{L}，ϕ_m^{R}の間には以下の関係がある．

$$\phi_m^{\mathrm{L}}(\mathbf{A}-\alpha_m\mathbf{B})=\mathbf{0},\qquad(\mathbf{A}-\alpha_m\mathbf{B})\phi_m^{\mathrm{R}}=\mathbf{0}\ ,\tag{6.3.25}$$

また，式(6.3.24)の$\mathbf{Q}$の関係式より

$$\phi_m^{\mathrm{L}}=(\boldsymbol{\varphi}_m^{\mathrm{L}}\quad\alpha_m\boldsymbol{\varphi}_m^{\mathrm{L}}),\qquad\phi_m^{\mathrm{R}}=\begin{pmatrix}\boldsymbol{\varphi}_m^{\mathrm{R}}\\\alpha_m\boldsymbol{\varphi}_m^{\mathrm{R}}\end{pmatrix}\ ,\tag{6.3.26}$$

と書ける．ここで$\boldsymbol{\varphi}_m^{\mathrm{L}}$は$1\times M$の行ベクトルであり，$\boldsymbol{\varphi}_m^{\mathrm{R}}$は$M\times1$の列ベクトルである．固有値$\alpha_m$は棒状材料中の断面内共振条件を満足する m 番目の固有モードの波数を表しており，M 個の正方向モードと M 個の負方向モードから構成される．α_mが複素数の場合，m 番目のモードは減衰（evanescent）モードであり，そのうち正の虚数部を持つものが正方向モード，負の虚数部を持つものが負方向モードである．α_mが実数の場合，そのモードは伝搬モードであり，群速度によって伝搬方向の正負が決定される．実数のα_mが正であれば，そのモー

ドの群速度は正であることが多いが，まれに反転する場合もあるので注意が必要である（負の群速度として知られる）．

ϕ_m^Rは $2M$ 個の独立した直交ベクトルであるので，任意の $2M$ ベクトルはϕ_m^Rの和によって表すことができる．すなわち，式(6.3.23)の解$\mathbf{Q}$もϕ_m^Rの和によって

$$\mathbf{Q} = \sum_{m=1}^{2M} Q_m \phi_m^R \tag{6.3.27}$$

と表すことができる．ここで，Q_mは任意の定数である．上式を式(6.3.23)に代入して，左からϕ_l^Lをかけると，

$$\phi_l^L (\mathbf{A} - \alpha\mathbf{B}) \sum_{m=1}^{2M} Q_m \phi_m^R = \phi_l^L \mathbf{P}, \tag{6.3.28}$$

となる．ここで左右固有ベクトルには

$$\phi_m^L \mathbf{A} \phi_n^R = \begin{cases} 0 & m \neq n \\ \phi_m^L \mathbf{A} \phi_m^R & m = n \end{cases},$$
$$\phi_m^L \mathbf{B} \phi_n^R = \begin{cases} 0 & m \neq n \\ \phi_m^L \mathbf{B} \phi_m^R & m = n \end{cases}, \tag{6.3.29}$$

の関係があるので（証明略），式(6.3.28)は

$$Q_l \phi_l^L (\mathbf{A} - \alpha\mathbf{B}) \phi_l^R = \phi_l^L \mathbf{P}, \tag{6.3.30}$$

となる．式(6.3.24)－(6.3.26)を考慮して整理すると，

$$Q_m = -\frac{\alpha_m \varphi_m^L \overline{\mathbf{F}}}{(\alpha - \alpha_m) B_m}, \tag{6.3.31}$$
$$B_m = \phi_m^L \mathbf{B} \phi_m^R = \varphi_m^L (\mathbf{K}_1 - \omega^2 \mathbf{M}) \varphi_m^R - \alpha_m^2 \varphi_m^L \mathbf{K}_3 \varphi_m^R,$$

のように任意定数Q_mを求めることができる．式(6.3.24)で表されるように，節点変位ベクトル$\overline{\mathbf{U}}$ $(M \times 1)$ は $\mathbf{Q}$ $(2M \times 1)$ の上半分であるので，波数領域における変位解は，

$$\overline{\mathbf{U}} = \sum_{m=1}^{2M} Q_m \varphi_m^R, \tag{6.3.32}$$

となる．

6.3.3　点音源に対する変位解

上述の変位解は波数領域であり，空間領域への変換はフーリエ変換，逆変換を用いて行われる．

124

$$\mathbf{U}(z) = \int_{-\infty}^{+\infty} \overline{\mathbf{U}}(\alpha) e^{i\alpha z} \mathrm{d}\alpha \ \leftrightarrow \ \overline{\mathbf{U}}(\alpha) = \frac{1}{2\pi} \int_{-\infty}^{+\infty} \mathbf{U}(z) e^{-i\alpha z} \mathrm{d}z \ ,$$

$$\mathbf{F}(z) = \int_{-\infty}^{+\infty} \overline{\mathbf{F}}(\alpha) e^{i\alpha z} \mathrm{d}\alpha \ \leftrightarrow \ \overline{\mathbf{F}}(\alpha) = \frac{1}{2\pi} \int_{-\infty}^{+\infty} \mathbf{F}(z) e^{-i\alpha z} \mathrm{d}z \ . \tag{6.3.33}$$

今，棒状材料表面の点音源（z座標位置$z = z_S$）によってガイド波が入射される場合について考える．$z = z_S$断面内のある節点上に集中荷重が存在すると仮定すると，

$$\mathbf{F}(z) = \mathbf{F_0}\delta(z - z_S), \tag{6.3.34}$$

となる．ここで，$\mathbf{F_0}$は，集中荷重が作用する節点に対応する箇所のみ値を持つベクトルである．このとき式(6.3.33)第4式より，波数領域における節点力ベクトル$\overline{\mathbf{F}}$は

$$\overline{\mathbf{F}} = \frac{1}{2\pi} \int_{-\infty}^{+\infty} \mathbf{F}_0 \delta(z - z_S) e^{-i\alpha z} \mathrm{d}z = \frac{\mathbf{F}_0}{2\pi} \mathrm{e}^{-i\alpha z_S}, \tag{6.3.35}$$

のように表される．ここで，空間領域における節点変位ベクトルは，式(6.3.33)第1式に式(6.3.32), (6.3.33), (6.3.35)を代入して，

$$\mathbf{U} = \int_{-\infty}^{+\infty} \left[\sum_{m=1}^{2M} Q_m \boldsymbol{\varphi}_m^{\mathrm{R}} e^{i\alpha z} \right] \mathrm{d}\alpha = -\sum_{m=1}^{2M} \int_{-\infty}^{+\infty} \frac{\alpha_m \boldsymbol{\varphi}_m^{\mathrm{L}} \overline{\mathbf{F}}}{(\alpha - \alpha_m) B_m} \boldsymbol{\varphi}_m^{\mathrm{R}} e^{i\alpha z} \mathrm{d}\alpha,$$

$$= -\frac{1}{2\pi} \sum_{m=1}^{2M} \int_{-\infty}^{+\infty} \frac{\alpha_m \boldsymbol{\varphi}_m^{\mathrm{L}} \mathbf{F}_0}{(\alpha - \alpha_m) B_m} \boldsymbol{\varphi}_m^{\mathrm{R}} e^{i\alpha(z - z_S)} \mathrm{d}\alpha \tag{6.3.36}$$

となる．式中の無限積分は，図6.14のような周回積分を用いて解くことができる．$z - z_S > 0$の場合には，実線の経路を用いた場合に$\lim_{R \to +\infty} \int_{\Gamma_1} \bullet \, \mathrm{d}\alpha = 0$, $\lim_{\varepsilon \to 0} \int_{\Gamma_{2,3\ldots}} \bullet \, d\alpha = 0$となるので（証明略），

$$\int_{-\infty}^{+\infty} \bullet \, \mathrm{d}\alpha = \lim_{R \to +\infty} \left[\int_C \bullet \, \mathrm{d}\alpha - \int_{\Gamma_1} \bullet \, \mathrm{d}\alpha \right] + \lim_{\varepsilon \to 0} \left[\int_{\Gamma_2} \bullet \, \mathrm{d}\alpha + \int_{\Gamma_3} \bullet \, \mathrm{d}\alpha - \cdots \right]$$

$$= \lim_{R \to +\infty} \int_C \bullet \, \mathrm{d}\alpha \ , \tag{6.3.37}$$

が成立する．ただし，実軸上の極は物理的に妥当な解を含むように経路を設定しており，$z - z_S > 0$の場合には，$+z$方向に伝搬するモードを含むように経路設定をする．$+z$方向に伝搬するモードとは，$+z$方向に群速度が正となるモードであり，多くの場合は波数が正となるモードであるが，まれに波数が正で群速度が負であるようなモード（負の群速度）があるので，注意が必要である．

　式(6.3.36)は，$z - z_S > 0$の場合には，実線の周回積分に置き換えられて，

$$\mathbf{U} = -\frac{1}{2\pi} \sum_{m=1}^{2M} \left[\lim_{R \to +\infty} \int_C \frac{\alpha_m \boldsymbol{\varphi}_m^{\mathrm{L}} \mathbf{F}_0 \boldsymbol{\varphi}_m^{\mathrm{R}}}{(\alpha - \alpha_m) B_m} e^{i\alpha(z-z_S)} \mathrm{d}\alpha \right] , \tag{6.3.38}$$

となる．これは，留数定理により求めることができ，

$$\mathbf{U} = -i \sum_{m=1}^{M} \frac{\alpha_m \boldsymbol{\varphi}_m^{\mathrm{L}} \mathbf{F}_0 \boldsymbol{\varphi}_m^{\mathrm{R}}}{B_m} e^{i\alpha_m(z-z_S)} , \tag{6.3.39}$$

となる．ここでα_mは積分経路内の極であり，複素数の場合は，虚部が正の値であり，実数の場合は，先に述べた物理的に妥当な波数である．このとき，積分経路内のα_mは M 個存在する．

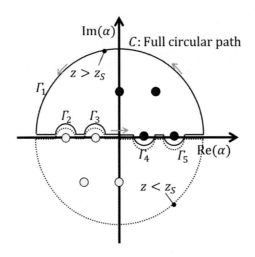

図 6.14　積分経路

　一方，$z - z_S < 0$の場合には，点線で表した積分経路をとることで，式(6.3.38)の無限積分が計算でき，その場合の極は，残りの M 個となっている．この極を$\alpha_m (m = M+1, M+2, \dots, 2M)$として，これらの結果をまとめると，

$$\mathbf{U} = \begin{cases} \displaystyle\sum_{m=1}^{M} A_m \boldsymbol{\varphi}_m^{\mathrm{R}} e^{i\alpha_m(z-z_S)} & z > z_S \\ \displaystyle\sum_{m=M+1}^{2M} A_m \boldsymbol{\varphi}_m^{\mathrm{R}} e^{i\alpha_m(z-z_S)} & z < z_S \end{cases}, \qquad A_m = -i \frac{\alpha_m \boldsymbol{\varphi}_m^{\mathrm{L}} \mathbf{F}_0}{B_m}, \tag{6.3.40}$$

となる．ただし，$m = 1, 2, \dots, M$が正方向のモード，$m = M+1, M+2, \dots, 2M$が負方向のモードを表すとした．これは節点変位を表すので，要素内任意位置の変位を出す場合には，式(6.3.3)を用いる．また，この解は点音源に対するものであるが，面音源や斜角入射の場合についても，式(6.3.40)をz方向に積分することで計算が可能である．

6.3.4　群速度の導出

　群速度は，波束の伝搬速度を表す物理量であり，ガイド波では位相速度と全く異なる値を示すことが多い．群速度は，角周波数を波数で微分した量として与えられており，m 番目のモードの群速度は，

$$c_{gm} = \frac{d\omega}{d\alpha_m} \ ,\tag{6.3.41}$$

である．これを上述の半解析的有限要素法を用いて導出することを考える．

　式(6.3.25)は

$$
\begin{aligned}
(\mathbf{K}_1 - \omega^2\mathbf{M} + i\alpha_m\mathbf{K}_2 + \alpha_m^2\mathbf{K}_3)\boldsymbol{\varphi}_m^{\mathrm{R}} = \mathbf{0} \ , \\
\boldsymbol{\varphi}_m^{\mathrm{L}}(\mathbf{K}_1 - \omega^2\mathbf{M} + i\alpha_m\mathbf{K}_2 + \alpha_m^2\mathbf{K}_3) = \mathbf{0} \ ,
\end{aligned}
\tag{6.3.42}
$$

と書き換えることができる．第 1 式を α_m で微分すると，

$$(-2\omega\frac{d\omega}{d\alpha_m}\mathbf{M} + i\mathbf{K}_2 + 2\alpha_m\mathbf{K}_3)\boldsymbol{\varphi}_m^{\mathrm{R}} + (\mathbf{K}_1 - \omega^2\mathbf{M} + i\alpha_m\mathbf{K}_2 + \alpha_m^2\mathbf{K}_3)\frac{d\boldsymbol{\varphi}_m^{\mathrm{R}}}{d\alpha_m} = \mathbf{0} \ ,$$

$$\tag{6.3.43}$$

となり，これに左から $\boldsymbol{\varphi}_m^{\mathrm{L}}$ をかけると，式(6.3.42)の第 2 式より，左辺第 2 項＝0 となる．すなわち

$$\boldsymbol{\varphi}_m^{\mathrm{L}}\left(-2\omega\frac{d\omega}{d\alpha_m}\mathbf{M} + i\mathbf{K}_2 + 2\alpha_m\mathbf{K}_3\right)\boldsymbol{\varphi}_m^{\mathrm{R}} = \mathbf{0} \ ,\tag{6.3.44}$$

となり，変形すると以下のように群速度 c_g を求めることができる．

$$c_g = \frac{d\omega}{d\alpha_m} = \frac{\boldsymbol{\varphi}_m^{\mathrm{L}}(i\mathbf{K}_2 + 2\alpha_m\mathbf{K}_3)\boldsymbol{\varphi}_m^{\mathrm{R}}}{2\omega\boldsymbol{\varphi}_m^{\mathrm{L}}\mathbf{M}\boldsymbol{\varphi}_m^{\mathrm{R}}} \ ,\tag{6.3.45}$$

この値は，複素数であるが伝搬モードの場合（α_m が実数の場合）には，実数として得られる．

6.3.5　過渡的応答の問題

　式(4.3.40)より，節点変位の調和振動は

$$\mathbf{U} = \sum_{m=1}^{M} A_m\boldsymbol{\varphi}_m^{\mathrm{R}}\exp\{i\alpha_m(z - z_S) - i\omega t\} \ ,\tag{6.3.46}$$

で表される．時間発展の超音波伝搬シミュレーションを行う場合，このような調和波の重

ね合わせにより過渡的な応答を求める必要がある．節点応力ベクトルの時間変化を$\mathbf{f}_0(t)$で表すと，式(6.3.40)中の$\mathbf{F}_0$は周波数の関数として表すことができ．

$$\mathbf{F}_0(\omega) = \int_{-\infty}^{+\infty} \mathbf{f}_0(t)e^{i\omega t}\mathrm{d}t \ , \tag{6.3.47}$$

というフーリエ変換および逆変換の関係が成り立つ．これより，まず入力波の時間波形を$\mathbf{f}_0(t)$として，これを高速フーリエ変換（FFT）することにより，節点力ベクトル$\mathbf{F}_0$を周波数領域の離散値で表す．その節点ベクトルデータ列$\mathbf{F}_0(\omega)$に対して，各周波数で節点変位式(6.3.46)を計算する．このときの変位$\mathbf{U}(\omega)$は周波数領域のデータ列であるので，逆 FFT を施すことにより時間領域の過渡的変位応答が得られる．

6.3.6 分散曲線の計算

　バルク波を用いた非破壊材料評価では，対象物固有の縦波音速や横波音速が既知であるため，そのデータを元に波形解析を行うことができる．しかし，ガイド波の場合には，板厚や断面形状に依存して速度が異なる上，周波数にも依存して変化する．その上，速度の異なるモードが無数存在する場合もあり，その伝搬挙動は非常に複雑である．そこで，分散曲線と呼ばれる音速データをあらかじめ求めておくことが，ガイド波解析を行う上で必須となってくる．

　等方弾性体の薄板の位相速度は，第 5 章の式(5.3.16)で示したレイリーラム方程式を解くことにより求めることができる．しかし，このような非線形方程式において複素数解を正確に求めることは容易ではない．その上，異方性がある場合や CFRP のような積層構造に対する解析解は求められておらず，数値計算手法が必要となってくる．

　半解析的有限要素法では，得られる変位解は式(6.3.46)のようになっており．固有問題の固有値として波数解α_mが得られ，固有ベクトルとして振動分布$\boldsymbol{\varphi}_m^{\mathrm{R}}$が与えられる．著者は，この計算手法を用いて，薄板中を伝搬するラム波の分散曲線と振動分布を算出するソフトウェア（Plate Dispersion），パイプ中を伝搬するガイド波の分散曲線と振動分布を算出するソフトウェア（Pipe Dispersion），レールのような任意の断面形状を有する棒状材料中を伝搬するガイド波の分散曲線と振動分布を算出するソフトウェア（Rail Dispersion）を開発している[7]．図 6.15 は，板厚 1 mm のアルミニウム合金平板（$c_L = 6300$ m/s, $c_T = 3100$ m/s）に対し，Plate Dispersion により計算した群速度分散曲線，位相速度分散曲線と，$f = 1.5$ MHz に対する S0 モード，A0 モードの振動分布を示している．平面ひずみを仮定した 2 次元問題として定式化をし，ある角周波数に対する固有値，固有ベクトルとして波数および振動分布を算出した．様々な角周波数に対する計算を繰り返すことで，図のような曲線を得ている．この場合には，板厚方向に 16 分割（節点数 17）し，自由度が 2 なので，$M = 17 \times 2$

=34となり，68個の固有値を算出している．そのうち，34個が正方向のモードである．要素分割を増やしても，図に表示された群速度，位相速度の解は一致したので，十分な精度で計算できていると考えられる．

固有ベクトルから得られるφ_m^Rは，式(6.3.46)から分かるように，$t=0$，$z=z_S$における節点変位分布を表しており，$\varphi_m^R \exp\{i\alpha_m(z-z_S)\}$を表したものが(c), (d)である．(c)は S0 モードと呼ばれる断面中心に対して上下対称なモード(Symmetric mode)であり，(d)は A0 モードと呼ばれる上下反対称な（Anti-symmetric mode）である．

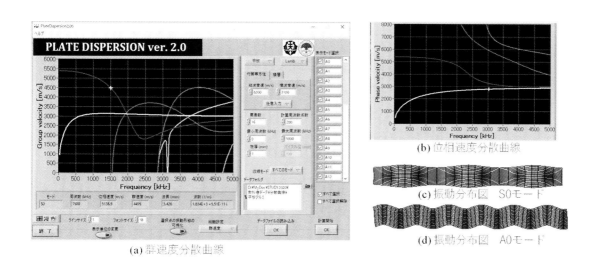

(a) 群速度分散曲線

(b) 位相速度分散曲線

(c) 振動分布図 S0モード

(d) 振動分布図 A0モード

図 6.15　Plate Dispersion による分散曲線と振動分布の表示結果の一例[7]

半解析的有限要素法による計算では，要素ごとに弾性定数を変更できるので，解析解の導出が困難であった積層平板などに対しても適用可能である．また，鉄道レールのように断面形状が複雑な場合でも，分散曲線および振動分布を求めることができる[7]．図 6.16 は，Rail Dispersion の計算画面であり，50N のレールに対して算出した群速度分散曲線を表示している．同程度の群速度に非常に多くのモードが計算されていることが分かる．これらは位相速度も同程度の値を持つものもあり，このような分散曲線からだけでは有効な情報が得られない．図 6.17 は，このときの断面振動分布を一部示したものである．たとえば，レールウェブ（首の部分）が屈曲振動することで，レールヘッドが大きく変位しているモードや，レールの底部が大きく振動しているモードなど，様々なモードが存在していることが分かる．つまり，レールのような複雑な断面形状を有する棒状材料では，このように一部のみが振動するモードが存在し，その一部の振動モードの位相速度，群速度が分散曲線中に現れていると言える．

そこで，レール底部の上下方向振動が支配的なモードのみを表示した群速度分散曲線が図 6.18 である．底部の選択範囲（図中右枠内の断面の青い部分）において上下方向振動の

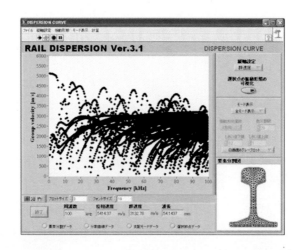

図 6.16　JIS 50N レールを長手方向に伝搬するガイド波の群速度分散曲線

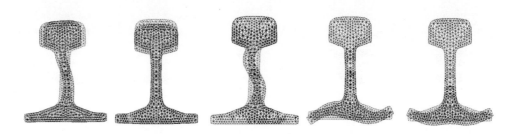

図 6.17　レール中のガイド波の様々な断面振動分布[7]

振幅により濃淡を用いてプロットしている．濃いほど上下方向振動が支配的であることを示している．たとえば，レール底部を検査したい場合，底部が振動するモードを使う必要があり，その他のモードは不要である．また，レール底部にセンサを設置する場合，他の部分が振動するモードは検出できない．このような分散曲線を描くと，これらのニーズに合致するモードのみが抽出でき，検査や計測に有効な分散曲線を得ることができる．

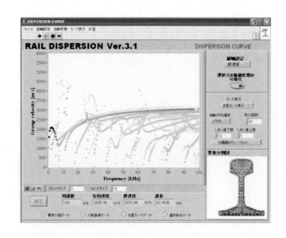

図 6.18　レール底部の上下方向振動が支配的なモードの群速度分散曲線

6.3.7　ガイド波伝搬シミュレーション

　6.3.2 項，6.3.4 項に計算方法を用いると，ある振動負荷条件に対し，ガイド波が伝搬していく様子を模擬実験（シミュレーション）することができる．前章の図 5.11 で得られた結果は，半解析的有限要素法でのガイド波伝搬シミュレーションを用いたものである．平板の中央に上下方向の振動を与えた場合の，ラム波が伝搬する様子を表したものであり，(a)が加振を開始した直後の時刻におけるスナップショットであり，(b)がある時間が経過したスナップショットとなっている．半解析的有限要素法による数値計算では，式(6.3.42)のようにラム波モードの重ね合わせとして変位解が与えられるため，このようなモードごとの解析が可能となる．加振直後(a)はすべてのモードが加振点近傍に集中しており，この重ね合わせによって加振点近傍の複雑なひずみを表現している．(b)では A0, S0, A1 モードは左右に伝搬しているが，S1 モードの振動は消滅している．また，第 5 章の図 5.12 の結果も半解析的有限要素法を用いて示した．

　図 6.19 は，パイプ中のガイド波伝搬シミュレーションの例であり，軸対称モードをパイプエルボに向かって入射したときの反射・透過波の様子を示している．エルボ前は，軸対称を保って伝搬するもののエルボ部分で乱れ，透過後は非常に複雑な波動場となっている．このことは，エルボのあるパイプに対し，ガイド波を用いた検査が非常に難しいことを表している．たとえば，エルボの先に損傷があった場合，振動が大きく表れる位置に損傷があれば，大きな反射波が期待できるが，節のような位置に損傷があれば，ほとんど反射波が得られないことが推測できる．つまり，安定した損傷検出が困難であることを意味している．

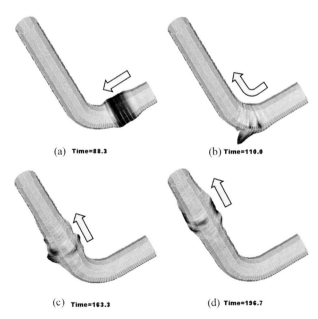

(a) Time=88.3　　(b) Time=110.0

(c) Time=163.3　　(d) Time=196.7

図 6.19　ガイド波軸対称モードをパイプエルボに入射したときの波動伝搬[4]

　最後に，鉄道レールの上部にパルス状の振動を与えたときのシミュレーション結果を示す（図 6.20）．長手方向に伝搬しているが，そのエネルギのほとんどはレール上部に沿って伝搬しており，レールの底部やウェブ部はほとんど振動しないことが分かる．このことから，レールの上部の検査には，上部の加振が有効であるものの，それ以外の部位の検査に対し，レール上部を加振することはあまり効果的ではないといえる．

　このようにガイド波伝搬シミュレーションを用いると，複雑なガイド波伝搬の様子を可視化することができるので，非常に分かりやすくなり，新たなアプリケーションの創出に有効である．

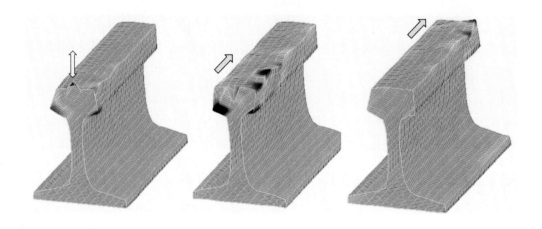

図 6.20　鉄道レール中を伝搬するガイド波]

レールの上部を加振した場合

6章の参考文献

[1]　橋本修，阿部琢美，『FDTD 時間領域差分法入門』，森北出版，1996，pp.17-19

[2]　高見穎郎，河村哲也，『偏微分方程式の差分解法』，東京大学出版会，1994，pp.60-61

[3]　F. Collino and C. Tsogka, "Application of the perfectly matched absorbing layer model to the linear elastodynamic problem in anisotropic heterogeneous media," Geophysics, vol. 66, no. 1, pp. 294–307, 2001.

[4]　T. Hayashi and J. L. Rose, "Guided wave simulation and visualization by a semi-analytical finite element method," Mater. Eval., vol. 61, pp. 75–79, 2002.

[5]　T. Hayashi, W.-J. Song, and J. L. Rose, "Guided wave dispersion curves for a bar with an arbitrary cross-section, a rod and rail example," Ultrasonics, vol. 41, no. 3, pp. 175–183, 2003.

[6]　T. Hayashi, C. Tamayama, and M. Murase, "Wave structure analysis of guided waves in a bar with an arbitrary cross-section.," Ultrasonics, vol. 44, no. 1, pp. 17–24, 2006.

[7]　http://www-nde.mech.eng.osaka-u.ac.jp/PlatePipeDispersion.htm

7. 振動・波動の計測

　非破壊検査や非破壊材料評価を行う場合，超音波や電磁波などの物理量を変換器（トランスデューサ, transducer）で電圧信号に変換し，アナログ回路，アナログデジタル変換器（AD 変換器）を通ってデジタル信号にしてからパソコンなどに取り込み，OK‐NG 判定などの各種処理が行われる（図 7.1）．振動・波動を計測する際に，計測システムとしてパッケージになっており，特にこのような過程を意識せず，計測システムを利用していることも多いかもしれない．しかし，本章程度の基本的な知識を身につけておくことで，より良い計測システムの提案や新しい計測手法の開発が進むこともある．

　本章では，振動・波動の計測に関し，トランスデューサ部，アナログ信号処理，AD 変換後のデジタル信号処理について，代表的なものを取り上げその概要を述べる．センサ技術，アナログ回路技術，デジタルデータ処理技術は，それぞれ専門書が多く出版されており，より深い学習にはそれらを参照していただきたい．

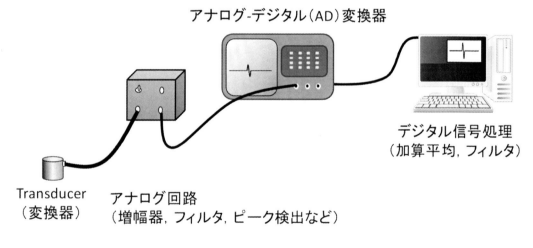

図 7.1　一般的な波形計測の過程

7.1 振動・波動から電圧信号への変換技術

　振動・波動を電圧信号に変換する変換器と言えば，超音波トランスデューサを思い浮かべるかもしれないが，周波数帯域や用途によっては，超音波トランスデューサが必ずしも最適な変換器ではないこともある．表 7.1 は振動・波動を計測する代表的な技術の一覧であり，本節では，これらの技術に関して概説する．

表7.1　固体表面の振動・波動を計測する手法　（一般的なもの）

利用する 物理現象		一般名称	一般的な製品の 周波数帯域*	特徴
抵抗変化		ひずみゲージ 加速度センサ	DC - 2kHz 程度	ひずみを計測する代表的な手法. 低周波数帯域において，動的な計測にも利用される.
静電容量 変化		変位計 加速度センサ	DC - 100kHz 程度	多くは非接触式. MEMS 技術により IC チップ化されている.
圧電効果		加速度センサ AE センサ 超音波探触子	数 kHz - 40MHz 程度	基本的に接触式. 材料中を伝搬する弾性波を検出する．弾性波を送受信して，材料内部の非破壊評価に利用される.
磁場変動		磁歪センサ 電磁超音波 探触子	10MHz 程度まで	接触媒体が不要.
レーザ	三角測量式	レーザ変位計	DC - 数 kHz	
	ドップラー	レーザ ドップラ振動計	2MHz 程度まで	ドップラー効果による.
	光干渉	レーザ干渉計	DC - 20MHz 程度	レーザ干渉計測による.

(注) 著者の主観により，主に使われている周波数帯域を記した．各種の工夫や技術革新により，より高周波を計測できるようになっているため，異論はあるかもしれない．しかし，このような比較は初学者にとって大変有用であることが多いので，あえて掲載する．各自で最新の製品データを確認していただきたい.

（1）金属の抵抗変化を利用した振動計測

ひずみゲージは，金属材料の電気抵抗値がひずみによりわずかに変化する現象を利用したものであり，固体材料のひずみを計測する最も汎用的な手法である．銅・ニッケル合金やニッケル・クロム合金などの金属箔により作られたゲージ部を測定部位に貼付して利用する．主な用途は静的なひずみの測定であるが，動的な応答特性も悪くなく，はり状材料の固有モード解析など振動計測にも広く利用される．また，数 kHz 以下の加速度の計測を行う加速度センサ中にも組み込まれている.

（2）静電容量変化を利用した振動計測

振動によりコンデンサの電極間隔が変化すると静電容量が変化する．この静電容量変化を捉えることで，振動を計測できる．一般に変位計・加速度計の一手法として利用されてきたが，近年では MEMS 技術によって IC チップ内にコンデンサと増幅回路を組み込み，加速度センサとしてスマートフォンなどで広く利用されている．また，同じくスマートフォンに使われているマイクは，コンデンサ型の音響マイクであり，微弱な空気振動を非常に感度よく検出する.

（3）圧電効果を利用した振動計測

　圧電効果とは，機械的な圧力が加わると電圧が発生する現象を指し，圧電効果を有する素子を一般に圧電素子と呼ぶ．代表的な圧電素子には，水晶，PZT（チタン酸ジルコン酸鉛，$Pb(Zr_x, Ti_{1-x})O_3$)，ニオブ酸リチウム（lithium niobate, $LiNbO_3$）や PVDF（ポリフッ化ビニリデン，PolyVinylidene DiFluride）などがあり，振動計測以外にも逆圧電効果による振動発生に利用されることも多い．例えば，圧電素子に電圧を印加することで発生した弾性波を固体材料内に伝搬させた後，圧電素子で弾性波を電圧に変換することにより得られた波形を用いて，弾性波の伝搬経路内にある固体材料の非破壊評価が行われている．

　これらは，加速度センサ，AE センサ，超音波トランスデューサ（図 7.2）などとして広く知られており，他の手法よりも比較的高周波数帯域(kHz〜GHz)での計測に利用される．また，振動はセンサ内部の圧電素子に到達する必要があるため，一般的には材料に接触させる接触法か，材料とセンサ間を超音波伝達媒体である水で満たした水浸法により計測される．

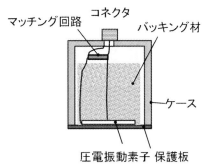

図 7.2　圧電素子を利用した超音波探触子

（4）磁場変動を利用した振動計測

　材料のひずみにより生じる磁場の変動を計測する振動計測方法がある．その一つは電磁誘導を利用するもので，下図のように，導電体近傍に設置した導線に交流電流を流すと，導電体中に渦電流が生じる．その渦電流と外部より印加した静磁場の作用によって発生するローレンツ力が，超音波の発生源となる．また，この逆の作用によって振動を計測することができる．

　もう一つが，強磁性体による磁歪効果によるものである．炭素鋼のような強磁性体では，外部磁場の変化によりひずみを生じ，かつひずみにより磁場を変化させる．例えば，電磁超音波探触子（Electromagnetic Acoustic Transducer, EMAT, 図 7.3）は，炭素鋼などの磁歪材料の非破壊評価を行う際に，内蔵のコイルにより外部から磁場を印加し材料にひずみを与え，その際に発生する超音波を，磁場変化としてコイルで受信する．

　これらは，圧電型の超音波トランスデューサと異なり，接触媒体を必要としないという特徴がある．

135

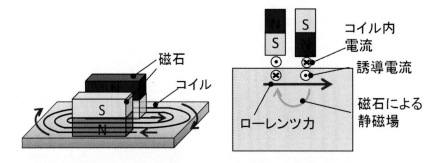

図7.3　ローレンツ力を利用した横波用超音波探触子（ＥＭＡＴ）

（5）レーザを用いた振動計測

　非接触で振動を計測できる技術として近年急速に広まっているのがレーザ光を用いる方法である．比較的低周波の表面変位を検出するためには，三角測量の原理を用いたレーザ変位計が利用される．また，表面からの反射・散乱光が振動により波長が変化することを利用したドップラー方式や反射・散乱光と参照光の干渉による干渉方式などが開発されている．

7.2　アナログ信号処理

　上述の手法により検出された振動波形は，電圧信号として得られる．電圧信号は，アナログ‐デジタル変換器でデジタル化される前に，様々なアナログ信号処理が施されることが多い．本節では，そのうちよく利用されるフィルタ，包絡線検波，ピークホールドおよびアンプによる信号増幅を取り上げる．

7.2.1　アナログフィルタ

　アナログフィルタは電源を必要としない受動素子（抵抗（R），コンデンサ（C），インダクタ（L）など）を用いたパッシブフィルタと，電源を要するオペアンプを用いたアクティブフィルタがある．一般に，パッシブフィルタはアクティブフィルタに比べ周波数遮断特性や位相特性に劣るものの，LRC のみの組み合わせで簡単に作成できるため，あらゆる回路中に利用されており，また振動・波動の計測性能の向上を図るためにも非常に良く利用される．そこでここでは，最も基本的な RC ハイパスフィルタ，ローパスフィルタの回路図を示し，その特性について簡単に説明する．

　図 7.4 は RC で作られた1次ローパスフィルタとハイパスフィルタである．コンデンサは低周波では大きな電気的インピーダンスを示し，周波数が上がるにつれてインピーダンスが小さくなる．そのため，図 7.4 (a)では，高周波ほどアースと短絡し，入力信号は透過しない．すなわちローパスフィルタとして働く．図 7.4 (b)では逆に高周波ほど入力信号が透過するため，ハイパスフィルタとして働く．いずれも遮断周波数f_{cutoff}は

$$f_{cutoff} = \frac{1}{2\pi RC}, \tag{7.2.1}$$

で与えられており，このとき出力電圧は入力電圧の $1/\sqrt{2}$（-3dB）になる（図 7.5）.

　抵抗 R の代わりにインダクタ L とした LC フィルタも受動素子のみで構成されるフィルタである．抵抗のように電力を消費することがなく，RC フィルタに比べ低い電気的インピーダンスで作成可能であるという利点がある．しかし，インダクタにはバリエーションが少なく，小さいチップ素子が作りにくいという欠点があり，RC フィルタの方が好まれる傾向にある.

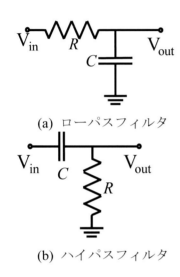

(a) ローパスフィルタ

(b) ハイパスフィルタ

図 7.4　RC ローパスフィルタ
と RC ハイパスフィルタ

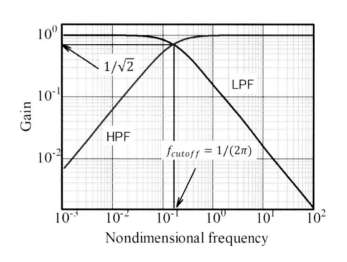

図 7.5　1 次 RC ローパスフィルタ（LPF）と
ハイパスフィルタ（HPF）の透過特性
$R = C = 1$, カットオフ周波数 $f_{cutoff} = 1/(2\pi)$

7.2.2　包絡線検波・ピークホールド（ダイオード検波）

　図 7.6 では，入力電圧をダイオードにより半波整流波形としたのち，電圧の上昇時はそのまま出力し，下降時にはコンデンサに蓄えられた電荷の放電によって徐々に下降するよう設計されている．その下降の度合いは，コンデンサの容量 C と電荷を消費する抵抗 R との関係によって定められ，時定数

$$\tau = CR \tag{7.2.2}$$

が大きい場合には，放電が起こりにくく電圧の降下が遅く，さらに遅くするとピークホールドした状態となる.

　振動計測では，情報として包絡線やピークのみが必要な場合が多い．包絡線やピーク値を収録する場合，波形をすべて収録するよりも，圧倒的に小さなサンプリング周波数を利

用できるため，データ量が極めて小さくなるという利点がある．

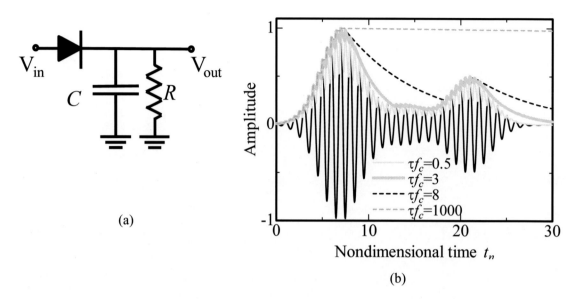

(a)

(b)

図 7.6　最も簡単なダイオード検波回路とその包絡線検波波形
中心周波数 $f_c = 1$ の波形に対し，時定数 $\tau = 0.5, 3, 8, 1000$ とした．

7.2.3　アンプ

　超音波トランスデューサなどから出力される電圧は，通常 μV オーダの非常に微弱な信号である．それに対し，AD 変換器では，設定電圧の範囲をビット数に対応する階調で分割し，整数のデジタルデータとして出力している．例えば，8 ビットの AD 変換器の電圧範囲が-5 V〜+5 V であれば，$10\,\mathrm{V}/2^8 = 39\,\mathrm{mV}$ ずつの分割（電圧分解能）となる．つまり，最大振幅 39 mV 以下の電圧波形がそのまま AD 変換器に入力されても，得られるデータ値はゼロであり，信号振幅が 100 mV 程度であっても，デジタル波形データは滑らかにならない．つまり，精度よく電圧波形を収録するためには，AD 変換器の電圧設定範囲値から小さ過ぎない信号が与えられなければならない．

　そのため，トランスデューサと AD 変換器の間にアンプを取り付けて信号を増幅する．このときトランスデューサからアンプまでのケーブルが短いほど，そのケーブルに混入するノイズの影響を小さくできる．図 7.7 は反転アンプの回路図の一例である．オペアンプに取り付ける抵抗の組み合わせにより増幅率が決定し，図の反転アンプの場合には

$$V_{out} = -\frac{R_F}{R_S}V_{in} , \tag{7.2.3}$$

となり，マイナスが付くので位相は反転する．その他，位相が反転しない非反転アンプやコンデンサを追加してフィルタとしての機能を持たせたアンプなど用途に合わせた様々な

アンプがある.

オペアンプ IC は必ず+5 V, −5 V といった両電源や, +5 V などの片電源による電力供給を必要とする. その際, V_{out} の最大最小値は, 電源電圧により ±5 V や ±2.5 V などに制限される. 増幅後の信号レベルがその制限値以上になる場合には, 制限値以上の電圧は適切に出力されず, 制限値にクリップした形で出力されてしまう. このとき, 波形の性質より3 次高調波が大きく出ることになるので, 注意が必要である.

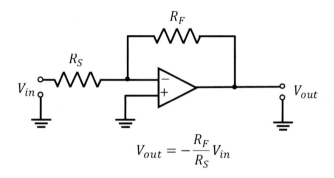

$$V_{out} = -\frac{R_F}{R_S} V_{in}$$

図 7.7　典型的な反転アンプの回路図

7.3　デジタル信号処理

アナログ信号を AD 変換した後のデジタルデータにも様々な処理が可能である. AD 変換後にコンピュータで処理するため, これまではリアルタイムでの処理は難しいとされていたが, DSP（Digital Signal Processor）や FPGA（Field Programmable Gate Array）などの進歩により, アナログベースで行われていた処理がデジタル的に行えるようになってきている. ここでは, 主要なデジタルデータ処理技術について説明する.

7.3.1　加算平均

AD 変換したデータはメモリに蓄積され, 簡単な処理は DSP などを使ってそのままデジタルデータとして処理後のデータがメモリに保存される. このようなデジタル信号処理の中で最も簡単なものが加算平均処理（アベレージング）である. N 個の波形データ列をメモリに蓄積し, それらを積算して平均化するもので, この処理によりランダムノイズは $1/\sqrt{N}$ になる. すなわち, 図 7.8 に示されるように, N が小さい範囲では N の増大に伴い平均化の効果が顕著に表れるが, N が大きくなっていくと次第にその効果の伸びが小さくなることが分かる. N を大きくとると平均化波形を取得するのに時間がかかることから, 計測時間とノイズレベルを考慮して妥当な N を選択する必要がある.

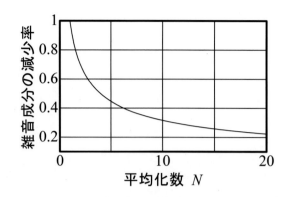

図 7.8　加算平均回数とランダムノイズ減少率の関係

7.3.2　移動平均, FIR フィルタ, IIR フィルタ

（1）概要

図 7.9 は移動平均の模式図であり，この処理は以下のような式で表現される．

$$y_n = \frac{1}{N_{mov}} \sum_{j=0}^{N_{mov}-1} x_{n-j} \ , \tag{7.3.1}$$

すなわち，メモリに蓄積した N 個のデータからなる波形データ列 x_n に対し，1 データずつ移動させた N_{mov} 個の波形の平均をとっている．信号中に含まれる急激な変化を緩和する効果があり，ローパスフィルタとなっている．

この移動平均は，重み係数 b_{j_B} 用いて

$$y_n = \sum_{j_B=0}^{N_B} b_{j_B} x_{n-j_B} \ , \tag{7.3.2}$$

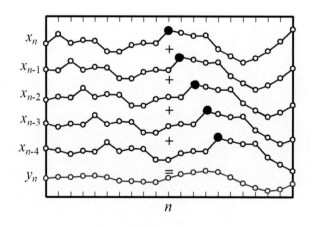

図 7.9　移動平均の模式図

ただし,

$$b_{j_B} = \frac{1}{N_B + 1}, \qquad N_B = N_{mov} - 1 \ , \tag{7.3.3}$$

と書くことができる.この重み関数b_{j_B}を適宜変更することで,所望の特性を持ったフィルタを設計することができる.このデジタルフィルタは FIR（Finite Impulse Response, 有限インパルス応答）フィルタと呼ばれている.

　FIR フィルタが AD 変換後の波形データx_nのみで計算処理を行うのに対し,IIR（Infinite Impulse Response, 無限インパルスフィルタ）フィルタは,これまで処理した波形データy_{n-j_A}も用いる.データ列y_{n-j_A}に対する重み係数をa_{j_A}とし,

$$y_n = \sum_{j_A=1}^{N_A} a_{j_A} y_{n-j_A} + \sum_{j_B=0}^{N_B} b_{j_B} x_{n-j_B} \ , \tag{7.3.4}$$

と書ける.処理した信号を次の処理に利用するフィードバックがあるため,丸め誤差などを次の処理に引き継ぎ,まれに処理が不安定になる.しかし,FIR フィルタに比べ遮断特性が良い,次数が少なくて済むなどのメリットがあるため,よく利用される.

（2）FIR, IIR フィルタの周波数応答特性

　式(7.3.4)はデータ列x_j, y_j, a_j, b_jのz変換

$$X(z) = \sum_{j=-\infty}^{\infty} x_j z^{-j} = \sum_{j=0}^{N} x_j z^{-j}, \quad Y(z) = \sum_{j=-\infty}^{\infty} y_j z^{-j} = \sum_{j=0}^{N} y_j z^{-j},$$

$$A(z) = \sum_{j=-\infty}^{\infty} a_j z^{-j} = \sum_{j=0}^{N_A} a_j z^{-j}, \quad B(z) = \sum_{j=-\infty}^{\infty} b_j z^{-j} = \sum_{j=0}^{N_B} b_j z^{-j},$$

$$\tag{7.3.5}$$

を用いて,

$$Y(z)A(z) = X(z)B(z) \ , \tag{7.3.6}$$

のように書き換えることができる.ただし,データ範囲外のx_j, y_j, a_j, b_jについてはすべて0とし,a_0のみ$a_0 = 1$とおいた.このとき FIR フィルタ,IIR フィルタの伝達関数Hは,

$$H(z) = \frac{Y(z)}{X(z)} = \frac{B(z)}{A(z)} \ , \tag{7.3.7}$$

となる.ここで,$z = e^{2\pi i m/N}$を代入すると,

$$X\left(z = e^{2\pi i \frac{m}{N}}\right) = \sum_{j=0}^{N} x_j e^{-2\pi i \frac{mj}{N}} \quad (\equiv X_m),$$

$$Y\left(z = e^{2\pi i \frac{m}{N}}\right) = \sum_{j=0}^{N} y_j e^{-2\pi i \frac{mj}{N}} \quad (\equiv Y_m),$$

$$A\left(z = e^{2\pi i \frac{m}{N}}\right) = \sum_{j=0}^{N_A} a_j e^{-2\pi i \frac{mj}{N}} \quad (\equiv A_m), \tag{7.3.8}$$

$$B\left(z = e^{2\pi i \frac{m}{N}}\right) = \sum_{j=0}^{N_B} b_j e^{-2\pi i \frac{mj}{N}} \quad (\equiv B_m),$$

となり，上の第1，2式は，後に紹介する $N+1$ 個のデータ列 x_j, y_j $(j = 0, 1, ..., N)$ に対する離散フーリエ変換の定義式である．ゆえに，$H_m = Y_m/X_m$ は m 番目の周波数データ $f_m = f_s m/N$ に対する周波数応答を表している．式(7.4.8)の第3, 4式の a_j, b_j に対し，$N > N_A$，$N > N_B$ であるとすると，

$$A_m = \sum_{j=0}^{N_A} a_j e^{-2\pi i \frac{mj}{N}} = \sum_{j=0}^{N} a_j e^{-2\pi i \frac{mj}{N}},$$

$$\tag{7.3.9}$$

$$B_m = \sum_{j=0}^{N_B} b_j e^{-2\pi i \frac{mj}{N}} = \sum_{j=0}^{N} b_j e^{-2\pi i \frac{mj}{N}},$$

であり，A_m，B_m も係数 a_j, b_j の離散フーリエ変換となっている．このことから，FIR フィルタ，IIR フィルタの周波数応答特性は，係数 a_j, b_j に対し，波形データ x_j のサンプル数になるよう 0 データを連結し，その後離散フーリエ変換することによって A_m，B_m および周波数応答特性

$$H_m = B_m/A_m, \tag{7.3.10}$$

を算出することができる．

（3）FIR, IIR フィルタの例

図 7.10 は，最も簡単な FIR フィルタである移動平均の場合について，周波数応答特性とフィルタ処理前後の波形を示す．中心周波数 $f_c = 1$ の波形に対し，ランダムノイズを付加した波形に対し，$N_{mov} = 5$ の移動平均を行った．移動平均では，係数 b_j がすべて同じ値をとるため，カットオフ周波数などのフィルタ特性を設計することはできず，移動平均数 N_{mov} およびサンプリング周波数 f_s に応じたフィルタ特性を有する．

一般に FIR フィルタは，目標とするフィルタの応答特性 H_m^{target} に近くなるよう係数を決

定するように設計される．その際，タップ数N_Bがサンプル数Nに一致する場合には，任意の応答特性を設計できるが，計算時間の関係上，通常タップ数N_Bは100以下の正数が使われる．そのため，タップ数によっては必ずしもカットオフ周波数において遮断効果が現れるというわけではない．図7.11は，タップ数$N_B = 25$としたローパスフィルタのカットオフ周波数による応答特性の変化を表している．$f_{cutoff} = 1, 10$などでは，おおむね良い遮断特性を示しているが，$f_{cutoff} = 0.1$では適切なフィルタとして機能していないことが分かる．

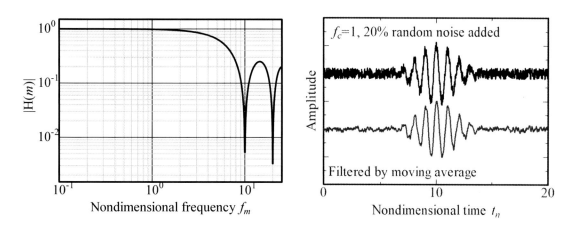

図7.10　移動平均フィルタの周波数特性およびフィルタの効果を示す波形の例
波形に関するパラメータ：$f_c = 1$, $f_s = 50$, $N = 1000$，信号振幅の20%のランダムノイズ
FIRフィルタに関するパラメータ：$N_B = 5$, $a_0 = 1, a_j = 0$ $(j \neq 0), b_j = 0.2$ $(j = 0, 1, \ldots, 4)$

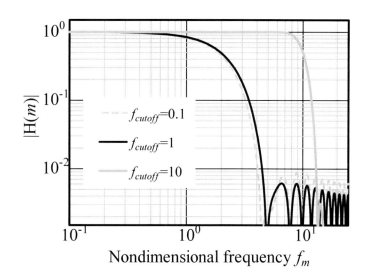

図7.11　FIRローパスフィルタのカットオフ周波数による応答特性の違い
$N_B = 25$，ハミング窓，スケール化

一方，IIRフィルタは比較的少ないタップ数でも適切なフィルタを構成できることが多い．図7.12はタップ数$N_A = N_B = 3$の場合に作成したバターワースローパスフィルタであ

る．図 7.11 同様に$f_{cutoff} = 0.1, 1, 10$の場合を示した．いずれも，良好な遮断特性を示している．

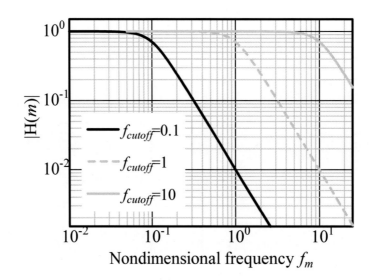

図 7.12　IIR ローパスフィルタのカットオフ周波数による応答特性の違い

$N_A = N_B = 3,$ バターワース

$f_{cutoff} = 1$の場合：$a_1 = -1.82269, a_2 = 0.837182,\ b_0 = 0.00362168, b_1 = 0.00724336,\ b_2 = 0.00362168$

7.3.3　DFT・FFT（離散フーリエ変換・高速フーリエ変換）

（１）概要

離散フーリエ変換も広く利用されているデジタルデータ処理技術である．関数$x(t)$のフーリエ変換$X(\omega)$および$X(\omega)$のフーリエ逆変換が

$$X(\omega) = \int_{-\infty}^{\infty} x(t)e^{-i\omega t}\mathrm{d}t, \qquad x(t) = \frac{1}{2\pi}\int_{-\infty}^{\infty} X(\omega)e^{i\omega t}\mathrm{d}\omega , \qquad (7.3.11)$$

と表されるのに対し，離散フーリエ変換（Discrete Fourier Transform, DFT）および逆 DFT（Inverse DFT, IDFT）は以下のように定義される．

$$X_m = \sum_{n=0}^{N-1} x_n e^{-2\pi i \frac{mn}{N}}, \qquad x_n = \frac{1}{N}\sum_{m=0}^{N-1} X_m e^{2\pi i \frac{mn}{N}}. \qquad (7.3.12)$$

ここで，x_nは等時間間隔Δtで収録されたN個の時間領域波形データ列の n 番目の値を表しており，X_mはそのフーリエ変換した周波数領域波形データ列の m 番目の値である．また，時間波形データx_nは時刻$t_n = t_0 + \Delta t \cdot n$の収録データに対応し，$X_m$は，周波数$f_m = m/N\Delta t = f_s m/N$に対する周波数領域データに対応する．

この DFT，IDFT により，N個のデータ列$X_m\ (m = 0,1,...,N-1), x_n\ (n = 0,1,...,N-$

1)を計算するとき，$O[N^2]$の計算量を必要とし，データ量の増大に伴い大きな計算負荷がかかる．そのため DFT, IDFT を高速で計算するアルゴリズム FFT（Fast Fourier Transform），Inverse FFT（IFFT）が開発されている．(I)FFT は，(I)DFT 内の$e^{2\pi i\frac{mn}{N}}$の項の周期性を利用して高速化を図っており，データ数が 2^n 個の場合には，計算量を$O[N\log N]$とすることができる．現在，利用されている計算ライブラリでは，基数が 2 以外にも $3,5,7,11$ などに対応しており，データ数が$N=2^p3^q5^r7^s11^t$ 個の場合にも高速化を図ることができるものが多い．また，そのような計算ライブラリでは，いかなるデータ数に対しても最適な演算を自動的に行うように設定されている．このときデータ数Nが非常に大きい素数の場合には，FFT ではなく，式(7.3.12)の DFT により$O[N^2]$の計算量を処理するため，注意が必要である．また，このような理由からデジタル信号の離散フーリエ変換（DFT）とその高速処理アルゴリズムである FFT を区別せずに扱うことが多くなっており，離散フーリエ変換の通称として FFT という語が用いられることもある．

　FFT（DFT）の時間領域および周波数領域での各パラメータは，それぞれ表 7.2 に示すような関係がある．たとえば，時間間隔Δtはサンプリング周波数f_sの逆数であり，周波数間隔Δfは波形収録時間Tの逆数である．

表 7.2　離散フーリエ変換（DFT, FFT）に関する各パラメータの関係

サンプル数（データ点数）	N
時間間隔	$\Delta t = 1/f_s$
収録開始から終了までの時間	$T = \Delta t \cdot N$
周波数間隔	$\Delta f = \dfrac{1}{T} = \dfrac{1}{\Delta t \cdot N} = \dfrac{f_s}{N}$
周波数最大値（サンプリング周波数，サンプルレート）	$f_s = 1/\Delta t = \Delta f \cdot N$

（2）時間領域波形データ vs. 周波数領域データ

離散フーリエ変換の例を示すための波形として

$$x_n = A\exp\left\{-2\pi if_c(t_n - t_0) - \frac{(t_n - t_0)^2}{2\sigma^2}\right\},$$
$$t_n = \Delta t \cdot n \ (n = 1,2,\ldots,N) \ , \tag{7.3.13}$$

というガウス変調したパルス状の波形を取り上げる（図 7.13）．ここで，すべてのパラメータは無次元量であり，振幅$A=1$，中心周波数$f_c=1$，時間遅れ$t_0=10$，分散$\sigma^2=0.5$，サンプリング間隔$\Delta t=0.1$，サンプル数$N=1000$とした．式(7.3.13)は複素数で与えられており，実部は虚部よりも$\pi/2$だけ位相が遅れている．

　図7.14に，これらの波形を離散フーリエ変換した結果を示す．(a)は式(7.3.13)を式(7.3.12)の第1式に代入して得られたX_mであり，(b)は式(7.3.13)の実部を式(7.3.12)に代入して得られたX_mである（以降，X_m^{real}と書く）．それぞれ実線がX_mまたはX_m^{real}の実数値，破線が虚数値，細実線（包絡線）が絶対値を示している．一般にX_mの絶対値$|X_m| = \sqrt{X_m \cdot (X_m)^*}$は，周波数ごとの振幅成分を示すため，周波数スペクトルとか振幅スペクトルと呼ばれている．また，その2乗値$X_m \cdot (X_m)^*$はパワースペクトルと呼ばれ，周波数解析をする上で最も良く利用される．

　複素数の時間領域波形データを用いた図7.14 (a)では，$f = f_c = 1$を中心に分布を持つ周波数領域データを示しているが，図7.14 (b)では$f = f_c = 1$に加え，$f = 9$を中心にした分布が見られる．これはエリアシングと呼ばれ，実数のサンプルデータに対し，サンプリング周波数f_sの1/2の周波数（ナイキスト周波数，$f_n = f_s/2$）において周波数成分が折り返して現れる現象である．すなわち，収録した時間波形データ列では，ナイキスト周波数f_n以下の周波数成分のみが正確に再現できるということを示しており，この再現限界については標本化定理（sampling theorem）として知られている．

　この標本化定理は，波形収録を行う際に注意すべき事項として覚えておく必要がある．たとえば波形データ中に最大周波数f_{max}の信号成分が含まれている場合，$f_{max} < f_n = f_s/2$を満たすようにサンプリング周波数f_sを決定する必要がある．サンプリング周波数は，AD変換器によってその最大値が決められており，AD変換器購入時の仕様を決定する際に最初に考慮すべき項目である．

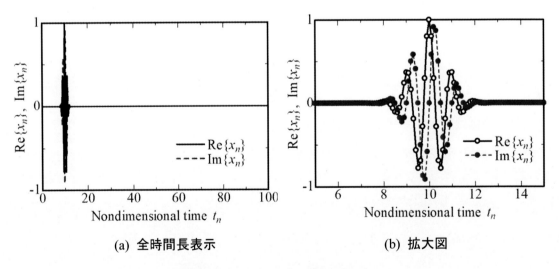

(a) 全時間長表示　　　　　　　　(b) 拡大図

図 7.13　　サンプル波形データ

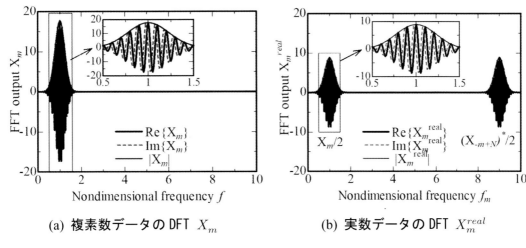

(a) 複素数データの DFT X_m　　　　　(b) 実数データの DFT X_m^{real}

図 7.14　サンプル波形データの離散フーリエ変換

（3）実数データの離散フーリエ変換

一般に，離散フーリエ変換ではN個のデータ列 x_n $(n = 0,1,...,N-1)$に対し，N個の出力X_m $(m = 0,1,...,N-1)$を得る．X_mはサンプル数Nごとの周期関数になっているので，mの定義域を任意整数とすることができ，以下の関係が成立している．

$$X_m = \sum_{n=0}^{N-1} x_n e^{-2\pi i \frac{mn}{N}} = \sum_{n=0}^{N-1} x_n e^{-2\pi i \frac{(m-lN)n}{N}} = X_{m-lN} \quad . \tag{7.3.14}$$

ただし，lは任意の整数である（図 7.15）．

一方，実数波形$\mathrm{Re}[x_n]$は，以下のように複素波形x_nとその複素共役$(x_n)^*$との平均で示されるので，その離散フーリエ変換X_m^{real}は

$$X_m^{real} = \sum_{n=0}^{N-1} \frac{\{x_n + (x_n)^*\}}{2} e^{-2\pi i \frac{mn}{N}} = \frac{1}{2} \left\{ \sum_{n=0}^{N-1} x_n e^{-2\pi i \frac{mn}{N}} + \left(\sum_{n=0}^{N-1} x_n e^{2\pi i \frac{mn}{N}} \right)^* \right\}$$

$$= \frac{1}{2} \{ X_m + (X_{-m})^* \}, \tag{7.3.15}$$

となる．ここで，式(7.3.14)の関係を用いると，

$$X_m^{real} = \frac{1}{2} \{ X_m + (X_{-m+N})^* \}, \tag{7.3.16}$$

が得られる．{ }内の第2項は複素波形の離散フーリエ変換を$f = 0$において折り返し，サンプル数 Nだけシフトした形になっている．つまり，図 7.14 (b)，図 7.15 において，$f = 1$を中心とした分布が$X_m/2$を表し，$f = 9$を中心とした分布が$(X_{-m+N})^*/2$を表している．

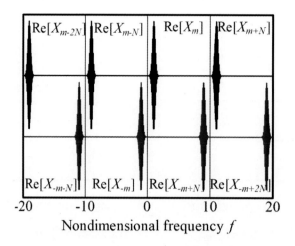

図 7.15　離散フーリエ変換の周期性

（4）離散フーリエ変換データの振幅値

　離散的な時間波形データ列と周波数領域データ列の間には，以下のような Parseval の等式が成立している．

$$\sum_{n=0}^{N-1}|x_n|^2 = \frac{1}{N}\sum_{m=0}^{N-1}|X_m|^2. \tag{7.3.17}$$

ただし，$|\circ|^2 = (\circ)\cdot(\circ)^*$であり，*は複素共役を示す．

　波形計測において，得られた時間領域波形データ列x_nを電圧値であるとすると，上式左辺は，抵抗$R = 1\ \Omega$に対する測定データ列の電力（パワー）の和（電力量）を表している．それに対し，右辺は周波数軸においても 2 乗和をとることによっても，測定データ列の電力量が得られることを示している．式(7.3.17)の両辺をサンプル数 N で割った値は，1 サンプルあたりの平均値となり

$$P = \frac{1}{N^2}\sum_{m=0}^{N-1}|X_m|^2 = \sum_{m=0}^{N-1}S_m. \tag{7.3.18}$$

ただし，

$$S_m = \frac{|X_m|^2}{N^2}. \tag{7.3.19}$$

である．S_mは，m 番目の周波数データに対する 1 サンプルあたりのパワーを示しており，パワースペクトルと呼ばれる量である．

　図 7.16 に示すような振幅 1 の調和波について考えた場合，1 サンプルあたりの平均パワーは，(実効値)^2 であるから，

$$P = (1/\sqrt{2})^2 = 1/2 \ , \tag{7.3.20}$$

である．一方，X_mは，調和波の周波数$f_c = 1$およびナイキスト周波数を中心に折り返された点の2つの周波数位置においてそれぞれ0.25となっており，それらの和はPに等しい．

すなわち，実数の時間領域波形データx_nのパワースペクトルS_mは波形に含まれる m 番目の周波数成分の(実効値)^{2}x(1/2) である．

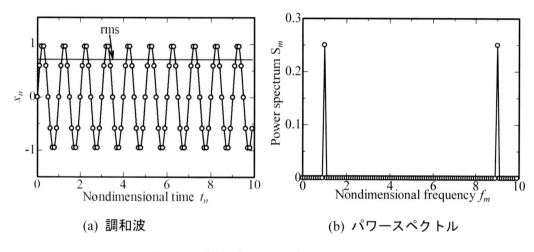

(a) 調和波　　　　　　　　　　　　(b) パワースペクトル

図7.16　調和波とそのパワースペクトル

調和波は式(7.3.13)において$A = 1, f_c = 1, t_0 = 10, r = 0. \Delta t = 0.1, N = 100$としたときの$x_n$の実部

（5）FFT 時の窓関数

式(7.3.11)のフーリエ変換を式(7.3.12)の離散フーリエ変換に置き換える際，有限長のデータ範囲以外の波形データは周期的に変化するとして，フーリエ変換における$[-\infty, \infty]$の積分を扱っている．そのため，データ範囲末端のデータ値が大きく異なる場合，急激な変化があるとみなされ，解析の対象となる波形とは無関係の不要な情報がフーリエ変換結果に現れることがある．

たとえば，図7.16の調和波（図7.17黒実線）と無次元時間$t = 9.5$で打ち切った波形（図7.17破線）を考える．黒実線は左右の端部においてデータは連続しているため，その離散フーリエ変換(b)は，無次元周波数=1 のみに値を持つ（図7.16 と同じ結果であるが，後の議論を分かりやすくするため，縦軸を dB で表した）．一方，破線は左右端で連続していないため．FFT の過程において急激な変化とみなされ，高周波成分が現れる．このように，端面の不連続性のため実質的に同じ波形であっても FFT 結果が大きく異なることがある．これを避けるため波形の両端が小さくなるような関数を掛けることがある．この関数は窓関数と呼ばれ，用途によって様々な関数が用意されている．図7.17右図中のグレー実線は，Blackman と呼ばれる窓関数を破線のデータに掛けた波形とそのフーリエ変換である．スペ

クトルのピーク値は小さくなっているものの，スペクトル分布の形状は黒実線に近いものとなっている．

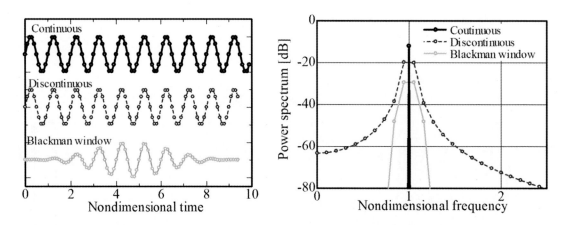

図 7.17　連続・不連続な波形による離散フーリエ変換の比較と窓関数による処理

　実際の波形処理においては，波形の一部のみをフーリエ変換したいというような場面が多くあり，その場合にはこのような窓関数が必要となる．図 7.18 に無次元周波数 1 の正弦波が数十サイクル続くバースト波とその波形に Blackman 窓関数を掛けた場合の違いを示す．窓関数が無い場合には，無次元周波数 1 のメインローブ以外に多くのサイドローブが現れている．一方，窓関数を掛けた場合には，サイドローブが大きく低減されており，所望の波形の解析が行いやすくなっていることが分かる．

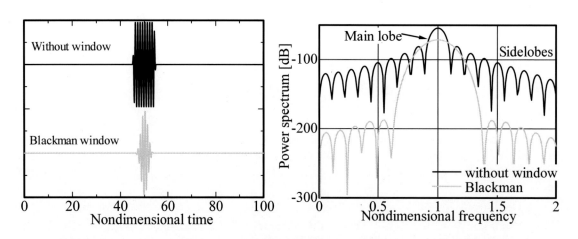

図 7.18　バースト波に対する窓関数の有無による離散フーリエ変換の比較

7.3.4　2次元フーリエ変換

　空間方向に等間隔でデータを取得した場合，その空間方向にもフーリエ変換を施すことができる．このとき，時間は周波数（角周波数）に変換され，空間は波数に変換される．

　図 7.19 は 2 次元フーリエ変換の代表的な適用事例である．薄板中を長手方向に伝搬する ラム波は，モードによって異なる位相速度を持ち，その位相速度は周波数によって異なる という性質を持つことが知られている．2 次元フーリエ変換は，そのような複雑な伝搬挙 動を示すラム波の挙動を詳細に解析することができる．図 7.19 右のように，左の斜角探触 子からラム波を励起し，右の 100 個の受信点において受信した波形を 2 次元 FFT した結果 である．複数あるラム波のモードの内， A0 モードが卓越して受信されていることを示し ている．

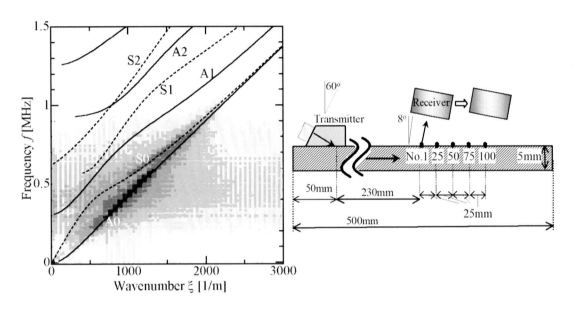

図 7.19　平板中のラム波計測データの 2 次元フーリエ変換像[1]
曲線は Rayleigh-Lamb 方程式より求めた理論解

7.3.5　時間-周波数解析（短時間フーリエ変換，ウェーブレット変換）

　1 つの波形をフーリエ変換すると時間情報が失われる．そのため，波形全体のうち局所 的な時間領域の波形について周波数解析する場合には，波形の一部を切り出し，上述の窓 関数を掛けたのちに FFT 処理を行う．短時間フーリエ変換（Short Time Fourier Transform, STFT）は，その操作をあらゆる時間位置に対して行う信号処理法（図 7.20）であり，窓 関数を掛ける時間位置と FFT による周波数のいずれの情報も保持する時間‐周波数解析 である．

　たとえば，窓関数に以下のガウス分布を用いるとき，

$$G(t - t') = \frac{1}{\sqrt{2\pi}\sigma} \exp\left\{ -\frac{(t - t')^2}{2\sigma^2} \right\} , \tag{7.3.21}$$

信号 $x(t)$ は，この窓関数により $G(t - t') \cdot x(t)$ のように切り出され，そのフーリエ変換は

$$X_{STFT}(\omega, t') = \int_{-\infty}^{\infty} G(t - t') \cdot x(t) \exp(-i\omega t)\, dt \quad , \tag{7.3.22}$$

となる．

$$\Psi_S(t - t') = G(t - t') \exp\{-i\omega(t - t')\} \quad , \tag{7.3.23}$$

とすると，式(7.3.22)は

$$X_{STFT}(\omega, t') = \exp(-i\omega t') \int_{-\infty}^{\infty} \Psi_S(t - t') \cdot x(t) dt \quad , \tag{7.3.24}$$

となり，積分は$\Psi_S(t)$と$x(t)$の畳み込み積分を表している．畳み込み積分は$\Psi_S(t)$のフーリエ変換と信号$x(t)$のフーリエ変換の積を逆フーリエ変換することにより求められるので，短時間フーリエ変換の計算は，移動する窓関数ごとにフーリエ変換を繰り返す必要はない．

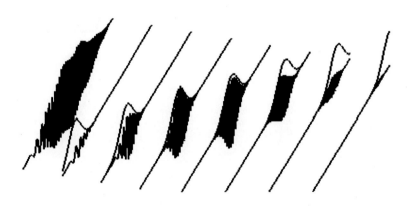

図 7.20　短時間フーリエ変換のイメージ図

　以下，図 7.21 (a)で示される波形に短時間フーリエ変換を施した例を示す．この波形は，時間に伴い周波数が高周波側へシフトするようなチャープ波に$f = 0.5$の調和波を加算したものであり，図7.21 (b)のような周波数スペクトルを示す．図7.22はガウス窓（式(7.3.21)）において$\sigma = 0.7$としたときのパワースペクトル$|X_{STFT}|^2$を示す．早い時間には低周波の成分が支配的であり，時間が経つにつれて高周波側にシフトするチャープ波の特徴を表している．しかし，$f = 0.5$の低周波領域における調和波が強度分布中にほとんど表れておらず，短時間フーリエ変換の限界を示している．すなわち，短時間フーリエ変換では，窓の幅が常に一定であるため，主要な周波数成分に合わせて窓の幅σを設定すると，その周波数帯域から離れた周波数成分の波形は捉えられないという問題がある．

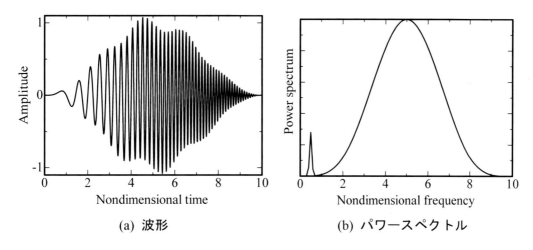

(a) 波形　　　　　　　　　(b) パワースペクトル

図 7.21　サンプル波形とそのパワースペクトル

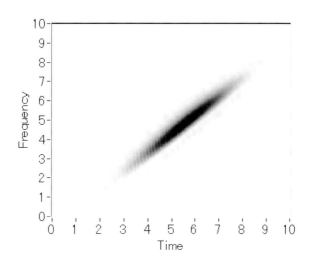

図 7.22　サンプル波形の短時間フーリエ変換による時間-周波数強度分布

　そこで，周波数によって窓幅を変更できるウェーブレット変換が利用されることもある．波形の時間‐周波数解析に用いられるウェーブレット変換は，いわゆる連続ウェーブレット変換と呼ばれるものであり，マザーウェーブレット $\Psi_W(t)$ を時間的に b だけシフトし $1/a$ 倍した $\Psi_W\left(\frac{t-b}{a}\right)$ という関数を用いて以下のように表される．

$$X_{WVLT}(b,a) = \frac{1}{\sqrt{a}} \int_{-\infty}^{\infty} \Psi_W\left(\frac{t-b}{a}\right) \cdot x(t)dt \ , \tag{7.3.25}$$

$b = t'$，$1/a = \omega(= 2\pi f)$ とおくと，

$$X_{WVLT}(\omega, t') = \sqrt{\omega} \int_{-\infty}^{\infty} \Psi_W\{\omega(t-t')\} \cdot x(t)dt \ , \tag{7.3.26}$$

となり，この式の積分は，$\Psi_W(\omega t)$ と信号 $x(t)$ の畳み込み積分となっている．すなわち，こ

の計算も$\Psi_W(\omega t)$のフーリエ変換と$x(t)$のフーリエ変換の積を逆フーリエ変換することにより，高速で計算することができる．

　ここで，マザーウェーブレット$\Psi_W(t)$として代表的なガボール関数を用いた形

$$\Psi_W(t) = \frac{1}{\sqrt{2\pi}\sigma} \exp\left(-\frac{t^2}{2\sigma^2}\right) \exp(-it) \ , \tag{7.3.27}$$

の場合を考える．このとき，式(7.3.26)は

$$X_{WVLT}(\omega, t') = \frac{\sqrt{\omega}}{\sqrt{2\pi}\sigma} \int_{-\infty}^{\infty} \exp\left\{-\left(\frac{\omega(t-t')}{2\sigma}\right)^2\right\} x(t) \exp\{-i\omega(t-t')\}\, dt \ . \tag{7.3.28}$$

一方，短時間フーリエ変換式(7.3.21)−(7.3.24)は

$$X_{STFT}(\omega, t') = \frac{\exp(-i\omega t')}{\sqrt{2\pi}\sigma} \int_{-\infty}^{\infty} \exp\left\{-\left(\frac{(t-t')}{2\sigma}\right)^2\right\} x(t) \exp\{-i\omega(t-t')\}\, dt \ , \tag{7.3.29}$$

であり，非常に良く似た形で与えられることが分かる．ただし，ウェーブレット変換では窓関数に相当する積分内の exp 関数内に角周波数ωが含まれており，周波数によって窓関数の幅が異なることが分かる．

　図 7.23 は図 7.21 (a)の波形をウェーブレット変換したときの強度分布$|X_{WVLT}|^2$を示したものである．$\sigma=20$とした．短時間フーリエ変換の場合の強度分布図 7.22 と良く似ているが，主要なチャープ波信号から離れた周波数$f=0.5$に存在する調和波の成分も分布中に現れていることが分かる．

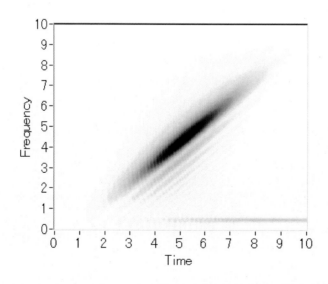

図 7.23　ウェーブレット変換による時間-周波数強度分布

7.3.6 ヒルベルト変換による包絡線検波

ヒルベルト変換は，実数で与えられる波形信号$x(t)$から，それに直交する信号$x'(t)$を導出する変換手法である．すなわち，波形信号のフーリエ変換を$X(\omega)$とすると，この角周波数ωの成分に$-i$を乗じることにより位相を 90° 遅らせることができ，$X(\omega)$と$-iX(\omega)$は直交していると言える．負の角周波数成分$-\omega$には 90° 早めるようにiを乗じるとして，以下のように周波数表現におけるヒルベルト変換が定められている．

$$X'(\omega) = X(\omega)H(\omega), \qquad H(\omega) = \begin{cases} -i & \omega > 0 \\ 0 & \omega = 0 \\ i & \omega < 0 \end{cases} \qquad (7.3.30)$$

これは畳み込み積分により時間領域で表現でき，

$$x'(t) = \int_{-\infty}^{\infty} x(t-\tau)h(\tau)\,d\tau, \qquad h(t) = \frac{1}{2\pi}\int_{-\infty}^{\infty} H(\omega)e^{i\omega t}dt = \frac{1}{\pi t}\ ,$$

$$(7.3.31)$$

のように与えられる．

波形信号$x(t)$を実部に，位相が 90° ずれた波形$x'(t)$を虚部に取った複素波形データ$x(t)+ix'(t)$は，ちょうど式(7.3.13)のような複素表示の波形となっている．そのため，図 7.14 に示されるのと同様に，この複素波形データの絶対値 $|x(t)+ix'(t)| = \sqrt{\{x(t)+ix'(t)\}\{x(t)+ix'(t)\}^*}$は波形信号$x(t)$の包絡線をとる（図 7.24）．

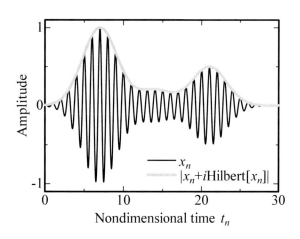

図 7.24　ヒルベルト変換による包絡線検波

7章の参考文献

[1]　林高弘，川嶋紘一郎，2001，「多重モードラム波からの単一モードの抽出と欠陥検出への応用」，日本機械学会論文集（A編），67 (664), pp. 1959-1965

8. おわりに

　本書では，超音波を用いた非破壊材料評価を行うための基礎知識として知っておいていただきたい弾性波動論，数値計算，計測技術について記した．できる限り，本書で完結して理解できるように心がけたが，大学学部レベルの基礎学問は必要となる点はご容赦いただきたい．また，各専門書には書かれているものの，本書で取り扱えなかった箇所もある．たとえば，本書では等方性弾性材料のみを扱っているが，材料の異方性や粘弾性，非線形性なども超音波伝搬に大きく影響を与え，その性質を利用した非破壊評価手法も多く開発されている．また，欠陥での散乱や回折現象やトランスデューサからの超音波指向性なども本書で扱えていない．そのような部分については，以下の文献を参考にしてほしい．

本書の参考文献およびさらに学習する人のための参考文献

超音波非破壊評価関連（第 1〜7 章）
- [1] 川嶋紘一郎，『ものづくりのための超音波非破壊材料評価・検査』，養賢堂，2009
- [2] 谷村康行，『絵とき「超音波探傷」基礎のきそ』，日刊工業新聞社，2013
- [3] 福岡秀和編，『音弾性の基礎と応用』，オーム社，1993
- [4] J. L. Rose, *Ultrasonic waves in solid media*, Cambridge University Press, 2008
- [5] J. L. Rose, *Ultrasonic guided waves in solid media*, Cambridge University Press, Revised, 2014
- [6] L. W. Schmerr, *Fundamentals of ultrasonic nondestructive evaluation*, Springer 2nd ed., 2016
- [7] J. Krautkramer, H. Krautkramer, *Ultrasonic Testing of Materials*, Springer Verlag, 1990

弾性力学関連（第 3 章）
- [8] 井上達夫，『弾性力学の基礎』，日刊工業新聞社，1997
- [9] 荻博次，『弾性力学』，共立出版，2011

音響・波動論関連（第 3〜7 章）
- [10] 平尾雅彦，『音と波の力学』，岩波書店，2013
- [11] 荻博次，『超音波工学』，共立出版，2021
- [12] K. F. Graff, *Wave motion in elastic solids,* Dover 1991
- [13] B. A. Auld, *Acoustic fields and waves in solids*, vol. I, II, Krieger Pub Co, 1990
- [14] I. A. Viktorov, *Rayleigh and Lamb wave,* Springer, reprint of the original 1st ed. 1967, 2013

波動場の数値計算（第 6 章）
- [15] 登坂宣好，大西和榮，『偏微分方程式の数値シミュレーション』，東京大学出版会，1991

[16] 田中喜久昭，長岐滋，井上達雄，『弾性力学と有限要素法』，大河出版，1995

[17] O. C. ツィエンキーヴィッツ，『マトリックス有限要素法』，培風館，1984

[18] 小林昭一編著，『波動解析と境界要素法』，京都大学学術出版会，2000

超音波トランスデューサ，信号処理，アナログ回路（第7章）

[19] M. Hirao, H. Ogi, *Electromagnetic Acoustic Transducers: Noncontacting Ultrasonic Measurements using EMATs*, Springer, 2016

[20] 宇田川義夫，『超音波技術入門—発信から受信まで』，日刊工業新聞社，2010

[21] 新妻弘明，中鉢憲賢，『電気・電子計測』，朝倉書店，2003

[22] 遠坂俊昭，『計測のためのアナログ回路設計』，ＣＱ出版，1997

□ 索引

執筆者紹介

林　高弘（はやし・たかひろ）

1972 年三重県生まれ。京都大学大学院（機械工学専攻）を修了。1997
年より工業技術院資源環境技術総合研究所（現・産総研）、名古屋工業
大学、ペンシルベニア州立大学、株式会社豊田中央研究所、京都大学
にて超音波非破壊評価技術の研究・開発に携わる。2019 年より、大阪
大学大学院工学研究科機械工学専攻　教授。博士（エネルギー科学）。

超音波による非破壊材料評価の基礎

2021 年10月20日　初版第 1 刷発行

　　著　者　林　高弘

　　発行所　大阪大学出版会

　　代表者　三成賢次

　　　　　　〒565-0871　　大阪府吹田市山田丘2-7

　　　　　　大阪大学ウエストフロント

　　電　話　06-6877-1614

　　FAX　06-6877-1617

　　URL　http://www.osaka-up.or.jp

　　印刷・製本　株式会社遊文舎

© Takahiro HAYASHI 2021

Printed in Japan

ISBN978-4-87259-747-9　　C3053